为什么情商比智商更重要
影响你一生的心理智慧

受益一生的
哈佛情商课

| 柳如菲◎著 |

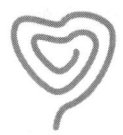

成功需要智商，情商更不可少
无论商界奇才，还是政界明星，他们都有一个共同的特征——高情商

ShouYi YiSheng De
HaFo Qingshang ke

立信会计 出版社
LIXIN ACCOUNTING PUBLISHING HOUSE

图书在版编目（CIP）数据

受益一生的哈佛情商课 / 柳如菲著. —— 上海: 立
信会计出版社, 2015.3

（去梯言）

ISBN 978-7-5429-4424-5

Ⅰ.①受… Ⅱ.①柳… Ⅲ.①情商－通俗读物

Ⅳ.①B842.6-49

中国版本图书馆CIP数据核字（2014）第276899号

策划编辑　蔡伟莉
责任编辑　赵新民
封面设计　久品轩

受益一生的哈佛情商课

出版发行	立信会计出版社		
地　　址	上海市中山西路2230号	邮政编码	200235
电　　话	（021）64411389	传　真	（021）64411325
网　　址	www.lixinaph.com	电子邮箱	lxaph@sh163.net
网上书店	www.shlx.net	电　话	（021）64411071
经　　销	各地新华书店		

印　　刷	固安县保利达印务有限公司		
开　　本	720毫米×1000毫米	1/16	
印　　张	18.5	插　页	1
字　　数	240千字		
版　　次	2015年3月第1版		
印　　次	2017年4月第4次		
书　　号	ISBN 978-7-5429-4424-5/B		
定　　价	36.00元		

前 言
PREFACE

曾几何时，智商只有 75 的傻小子——阿甘，红遍了全球，带有传奇色彩的是，无论在体坛、战场、商界，还是爱情上，成功总伴随着他。这个故事在一般人眼里只是个"虚构的传奇"，也称得上是对"傻人有傻福"的经典诠释。可是，我们从他做人的原则来看，阿甘的成功，有其终极原因，那就是他常说的一句话："妈妈告诉我，人生就像一盒巧克力，你不知道下一个会尝到什么味道。"

美国学者、哈佛大学心理学家丹尼尔·戈尔曼 1995 年的新著《情绪智力》完全可以用来解释阿甘成功之谜。在心理学界并不知名的丹尼尔·戈尔曼，是《纽约时报》的一名专栏作家，1995 年，他推出了他的"Emotional Intelligence"（《情感智力》）一书，一下子使"EI"一词风行世界。"情商"（EI）现在已经是颇为流行的词汇之一，简单来讲，"情商"就是"情感智力"（emotional intelligence），简称情智(EI)，不应是情商(EQ)。有人误以为 EQ 是 emotional quotient 一词的缩写，因为 EQ 与 IQ 对立，但是，两者不是简单的对立关系。当然，IQ 是 intelligence quotient 的缩写，但事实上，学术上是没有 emotional quotient 这个词的。（按习惯我们依然使用 EQ 这样的缩写形式）。"情商"按我们一般的理解，主要指信心、恒心、毅力、乐观、忍耐、直觉、抗挫折、合作等一系列与个人素质有关的反应程度，说得通俗点就是指心理素质，指一个人运用理智控制情感和操纵行为的能力。

"情商"是个体最重要的生存能力，是一种发掘情感潜能、运用情感能力影响生活的各个层面和人生未来的品质要素。"情商"是一种洞察人生价值、揭示人生目标的悟性，是一种克服内心矛盾冲突、协调人际关系的技巧，是一种生活智慧。所以，我们有理由说："高情商"的人比高智商的人更容易获得成功。

当今社会，有多少人受情绪所困扰？因为情绪不佳，多少人的工作、事业、家庭、生活以至人生受到影响？因此情绪是人生中最具影响力、最重要和最基本的题目，同时也是在人类历史上最被忽视、最少研究的题目之一。今天，人们已经越来越认识到情感在人的成功方面所起的重要作用，许多大学、企业、政府机关纷纷开设了情商课，将情商教育作为学生和职员素质与技能教育培训的重要一环。

说起情商教育，不能不提及哈佛大学。在哈佛，成绩绝对不是衡量人才唯一重要的条件。哈佛选人的要求是学生的综合素质，而情商则作为考查学生素养的首要因素。数百年来，哈佛大学培养出各个领域的高情商名人，包括 8 位美国总统、40 名诺贝尔奖获得者和 30 名普利策奖获得者。哈佛大学之所以能在政治、科研、学术、商业等方面都造就出灿若群星的杰出人才，要归功于它在培养和提高学生的情商方面有着一套卓越有效的方法。哈佛大学情商课是世界情商学术殿堂中的皇冠，是世界最先进、最权威的情商教程，值得世界上所有渴望有所成就的人学习和借鉴。

在 21 世纪，人与人之间的竞争实质上就是情商的比拼，谁的情商高，谁就更容易受到领导及同事的青睐；谁的情商高，谁就抢占更多的人脉资源与潜在机会。正如哈佛丹尼尔·戈尔曼所说：成功 =20% 的智商 +80% 的情商。情商水平的高低对一个人能否取得成功至关重要，高情商是任何一个成功者所必须具备的基本素质。

　　本书萃取了哈佛大学情商课的历年精华，吸引了哈佛大学在情商方面的最新研究成果，结合诸多寓意深刻的典型案例，深入浅出地阐述了哈佛大学的情商理论、情商要素、情商技巧，同时从认识自我、情绪管理、社交、职业、婚姻、成功等方面，阐明如何运用情商解决心理问题、处理人际关系、破解工作难题、应对人生挫折，从而更好地驾驭自己的情感，把握自己的命运，成就美好的未来。

　　情商决定成败，情商决定命运。学习哈佛情商课，培育优异的情商特质，塑造成功的健全人格，发掘理想人生的幸福源泉，引爆内在正能量，你就是下一个哈佛人！

目 录
CONTENTS

第七课　改变心智改变情商：高情商是这样炼成的

第八课　情商与交际：发散情商磁场，瞬间影响他人

第九课　情商与职业：职来职往，情商就是硬道理

受
益
一
生
的
哈
佛
情
商
课

第十课　情商与婚姻：情商指数决定幸福指数

第一课 走进情商时代：
揭开情商面纱，踏上情商之旅

一直以来，人们认为智商是决定个人成功的关键因素。1995 年，哈佛大学心理学博士丹尼尔·戈尔曼提出了"情绪智商"的概念，终结了"智商决定论"，宣告了情商时代的到来，掀开了人类心理学和成功学的新篇章。哈佛大学在其数百年的发展历史中，不仅重视对学生的知识学习和运用技能的培养，而且更为注重对学生的情商提升的教育，将情商教育列为哈佛学子的一门重要课程。

在 21 世纪，人与人之间的竞争实质上就是情商的竞争。什么是情商？情商的具体内涵是什么？情商是如何制约和影响我们人生的？本章将引领你深入探讨情商，为你揭开情商的神秘面纱。

新的人才观念横空出世——情商

1995 年，美国哈佛大学教授丹尼尔·戈尔曼出版了一本书，叫做《情绪智商》。该书系统而全面地将情绪智商方面的内容介绍给了大众，一时风靡全球。

在一片众生喧哗中，"情商"横空出现，它扯着嗓子来到我们的身边。一时间众多的"情商"书籍如雨后春笋，层出不穷。"情商"概念的问世，的确引起了不小的轰动，人们惊异于一个未知的开发领域。

情商的创始人塞拉维博士和梅耶博士说："EQ 已成为本世纪最重要的心理学研究成果。"美国《读者文摘》更是坚定地向读者反问："掌握了 EQ，还有什么不能利用的呢？"美国《时代周刊》甚至宣称："如果不懂 EQ，从现在起，我们宣布：你落伍了！"美国有了《EQ》月刊，它倡导人们："做 EQ 测验吧，你会发现一个全新的自己！"美国 EQ 协会也迅速成立，它以研究和宣传 EQ 的作用，证明它的重要性为目的。该协会的宣言是："让我们再进化一次，成为智慧的上帝！"

近年来，国外心理学家们又提出了"新情商"的概念，为 EQ 注入了新的活力。与此同时，几乎每一本关于"情商"的书上，都有这样的字眼："智商已经属于其次地位"、"情商决定一切"、"没有情商，就没有成功……"图书最起码都要在各自的封面、封底书写着如此振聋发聩的话语：该书是一部完整意义上的"人生经典"，或者说是一部成功学著作，它要揭示的是人生成功的奥秘。

在这些良莠不齐的著作中，我们的确可以发现一些人生的启示。在我们的日常生活中，越来越多的人开始注意 EQ，到处都出现了 EQ，大致有以下几类：

自我 EQ：自我 EQ 包括自我认知、自我察觉、自我肯定、自立和自我实现。自我 EQ 高意味着他可以清晰了解自己的感觉，独立、专注、自信、善于表达自己的情感和想法，并影响到他人。

人际 EQ：人际 EQ 包括同理心、社会责任和人际关系。人际 EQ 水平表示一个人是否有熟练的社交技巧，是否能理解他人的想法和情感，并很好地和他人沟通互动。

适应 EQ：适应 EQ 包括现实判断、灵活性和问题解决。适应 EQ 水平表示个人对环境的适应能力，能否理解问题的实质，并拿出有效的问题解决方案。

压力管理 EQ：压力管理 EQ 包括压力忍受和冲动控制。压力管理 EQ 高的人能妥善管理自己的情绪，而不是成为它的奴隶，既不会因沮丧或焦虑而意志消沉，也不会因愤怒而丧失理智。能自我激励，并能面对挫折咬紧牙关挺住，为了最后的目标疏导自己一时的冲动。

心情 EQ：心情 EQ 包括乐观和幸福。心情 EQ 测量的是一个人对生活的态度和满意程度。乐观积极的生活信念帮助我们应付压力，解决困难等。

情商是什么

确切地说，"情商"就是情感智力（emotional intelligence）。它分为四个方面：自我意识、自我管理、社会意识、社会技能。每个方面又有五六个胜任特征，它们包括：察觉情感、正确的自我评价、自信、自我控制、值得信赖、良知、创新、适应力、成就驱力、承诺、主动、乐观、了解他人、服务导向、协助别人发展、善用多元资源、政治敏感、影响力、沟通、冲突管理、领导力、催化改变、建立关系、合作、团队能力。

人类智能研究的最新成果表明，最精确、最惊人的成就评量标准是情商，情商高的人在人生各个领域都占尽优势，情商是决定一个人命运的能力。所以，在这个风险与危机四伏的社会中，没有高素质的"情商"，那将很难处理一些难以预料的问题。在我们自己的职业生涯中，依据以上的情商类型，要想成就自己，除了要具有高智商外，以下的几种"情商"意识的运用也是必不可少的。

一是竞争、合作意识。个人若没有强烈的竞争意识（或者说生存意识）则难以在这个竞争激烈的社会站稳脚跟，不过一味强调竞争，也可能走向反面。尤其是将要踏入社会竞争的青年，应该认识到，合作是第一位的，竞争的目的只是为了更好地合作。

二是个人形象意识。个人的外在形象，内在气质的修养，对于个人的成功也是举足轻重的。并且，员工的个人形象在很大程度上代表了企业的整体形象，塑造良好的企业形象的最基本也最有效的方法就是开展全员公关，要求每一个员工为塑造良好的企业形象努力。

三是角色转换意识，快速融入企业环境。多数企业的人力资源部门人员都认为，角色转换慢是影响人们顺利就业的重要因素。现在的企业可说是"一个萝卜一个坑"，企业招聘员工进来，就是需要他迅速适应工作环境，进入良好的工作状态，为企业创造效益。若等个一年半载才进入状态，恐怕再"耐心"的企业也会对他没兴趣了。所以，迅速转变自己的角色，适应自己的岗位，将决定你的职业能否赢在开始，这和一个人的适应能力相关。

四是爱自己的工作，有敬业精神。诚然，当今的社会是个人才流动频繁的社会，我们再也不可能像父辈那样，一辈子只从事一种职业。但是，不管工作岗位怎么换，敬业精神总归是要有的。干一行爱一行，永远都是一句忠言。没有热情永远不可能成功，后面我们将会举出许多成功的例子，从中可以发现许多学习的地方。

五是不断学习的意识，要常常吐故纳新。现代社会瞬息万变，一日千里，未来的知识经济时代将更是如此。相应地，企业也会要求员工有广阔的胸襟、开阔的视野，以开放的心态面对外来事物。

情商的物质通道

情商的物质通道开始于大脑内的脊髓，穿过产生情绪的地方——脑边缘系统，在大脑的理性中心和情绪中心进行有效沟通。

现代化的设施能给大脑绘图并显示出哪些区域对不同类型的思考

最为重要，但是没有任何仪器能显示一个人在没有他的前脑时会如何控制自己的行为。

日常生活中有效地控制情绪是人类内心状态的重要组成部分，因为即使那些脑髓保持完好的人也会被非理性行为所左右。我们可以选择如何对情绪做出反应。我们中的每一个人都是通过五种感觉来获得我们周围世界的信息的，我们看到的、闻到的、听到的、尝到的以及触摸到的任何东西都以某种形式的生物电信号穿过身体。这些信号经过一个个细胞直到抵达最终目的地——大脑。例如一只蚊子在你的腿上咬了一口，那种感觉就会产生生物电信号，并在你意识到有蚊子之前传输到你的大脑。我们的所有感觉都会进入大脑后部靠近脊髓的地方，复杂的、理性思维则发生在大脑的另一边，即前面部分。当生物电信号进入你的大脑时，它们必定会在你能对这个事件第一次拥有逻辑思考前经过这所有的途径。在大脑中我们的感性部分入口和理性部分入口之间的这个裂口是一个难题，因为它是位于两个部分之间的边缘系统。这个部分是大脑中体验情绪的地方（见图1-1）。

受益一生的哈佛情商课

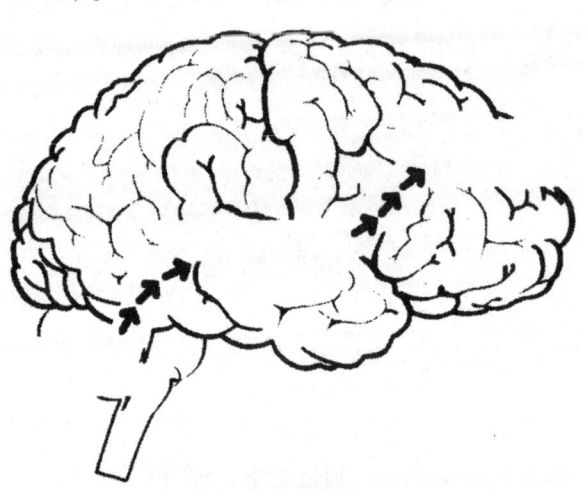

图1-1 情商的物质通道

数十亿极小的神经元组合成联结大脑理性中心和感性中心的通路。信息在它们之间传递就像汽车在每条街道穿梭一样。当你应用情商的时候，通信量顺利地双向流动。通信量的增加强化了大脑理性中心和感性中心之间的联系。一个人的情商很大程度上受他保持这条通路顺畅能力的影响，对自己的情感思考得越多，这条通路就会变得越发达。有人努力建设一条两车道的乡村小道，而其他人已经建立起了五车道的特级大道。大量的通信流是高情商的基础，当任何一个方向都只有太少的通信流时，导致的结果只能是行为效率非常低。

在体验持续的情感交流时，我们能够从视觉上和听觉上获得外部事件的有关信息，信息被记录和提示到大脑的前皮层，以及边缘系统和脑厌质额叶前部的扁桃核，扁桃核的回应非常快捷。我们之所以离不开它，是因为它能在瞬间提示我们是否做出攻击或逃避的回应，它们对我们的生存是至关重要的，当我们在夜深人静被突然爆发的噪音吵醒时，我们产生的第一反应，就是由脑厌质额叶前部的扁桃核提示的回应，它能提高我们的感觉意识。

边缘系统发出的回应比脑厌质额叶前部的扁桃核快得多，它通过内脏、血液循环、肌肉、心脏和肺的变化，再通过神经元系统，源源不断地传递信息。情感的原始材料使我们能够把自己与我们的体验连接起来，并赋予它们价值判断：好的、坏的、无关紧要的、令人恐惧的、令人高兴的，抑或值得同情的，等等。在特定的情况下，当我们受到刺激时，会根据自己做出的这些价值判断采取行动（或者在某些情况下，忽视或拒绝它们）。如果情感太贫乏，我们就会失去持久力，失去对事物的利弊进行评价的能力；反之，如果情感太丰富，我们则很容易失去准确的判断和自我控制的意识。

感情的蓝图

情商包含了四项能力：

判断自己和他人的感情；

运用感情推动思维；

理解感情产生的原因；

将感情融入决策之中，做出生活中的最佳选择。

感情蓝图最早出现在 1990 年的《情商研究科学文献》中，作者是彼得·萨洛维和约翰·D·梅尔。那时，感情的重要性与普通人对感情的了解之间存在着巨大的鸿沟，也正是这一鸿沟激励了彼得和约翰的研究。其实更重要的原因是，情商背后包含了十分重要的信息，那就是感情会使我们更加聪明。感情非但没有阻碍理性思维，反而有利于理性思维的形成。自从那时起，人们对这些观点进行了进一步的探索，并且将其发展成为复杂但很容易掌握的一系列技巧。我们把这些技巧叫做情商的能力模式，这种模式为我们学习并有效地掌握感情提供了框架。

在这一模式中，情商被视为相互联系的四项能力。

1.解读自己和他人——判断感情

判断自己及周围人感情的能力和表达这些感情的能力。

2.进入情境——运用感情

帮助你确定何种感情对你有益以及如何才能使感情与思维相和谐的特殊能力。运用感情的能力可以改变你的观点，使你用各种不同的方法来审视这个世界，并且感受他人的感觉。

表 1-1　情商能力模式表

步骤	目标	行动
判断感情	获取完整准确的信息	仔细聆听,提出问题,确保准确地了解整个团队的感受
运用感情	让感情指导你的思维	确定这些感觉是如何影响你以及整个团队的思维的
理解感情	评估可能出现的感情场景	考虑产生这些感觉的原因以及下一步有可能发生的事情
控制感情	确定隐含的根本原因,采取行动解决问题	将合理的信息与感情信息集合以便做出最佳决定

3.预测感情的发展——理解感情

感情有其特有的语言和逻辑。掌握了理解感情的能力意味着你能够确定自己产生某种感情的原因以及将要发生的事情。

4.随心而动——控制感情

感情可以传递重要的信息,因此,对感情持开放态度,利用感情传递的信息做出正确的决策是至关重要的。

这四项能力中的任何一项,都可以独立于其他能力之外而单独定义、研究、衡量、发展和运用。但是,这四项能力也可以共同发挥作用。这个四步模式为我们更有效地打理生活提供了蓝图。在发掘掌握这些感情技巧来了解自己和他人的同时,我们会发现这一模式几乎适用于生活中的各个领域。

对经理人来讲,最困难的任务之一就是使自己的团队团结在一起,并为共同的目标而努力奋斗。当团队正在经历某种变化的时候,这项任务就显得尤为复杂和棘手。感情蓝图可以帮助我们更好地了解如何管理正在发生变化的团队。

情感是如何驱使我们行动的

情感是人类生命的中心，我们的生命不只包括亲友和周围的人，还有每天与我们互动的许多人。情感深深地影响着我们，在绝大多数时间里，它们处于我们的意识控制之外，能够使我们失控。但是，我们不应该成为它们的奴隶，我们应该对它们留心、深思，并加以有意识的控制，使我们能够控制并调整我们的情感，把它们与我们的既定目标联系在一起，使我们能够更富有成效地行动。

冷酷的老板

她是一个直率的、古板的和坚决的人，她喜欢按自己的方式行事。她经常冷漠无情地践踏他人的情感。最初，她只是一个普通律师，但是通过大权独揽的精明作风，经过艰苦拼搏，终于达到了事业的顶峰。在处理复杂的法律问题时，她能够直接抓住问题的核心，立刻对事态做出概括和总结。无论是在法庭上，在会议室里，还是在接待顾客时，她都会通过紧紧抓住事实以及对案例做出强有力辩驳的能力，来主宰整个讨论过程。她雄辩的口才，汇集整理事实并作出分析和推理的能力，得到大家的公认。然而，她几乎没有同盟者，倒是树了不少敌人。她的员工几乎没有谁能与她保持亲密的关系，也没有人敢和她争辩，更不用说顶嘴了。在她的身后留下的是长长的一串破裂的人际关系记录，她生活在孤独的阴影中。

她是一个拥有语言智力但是缺乏人际交往（关系管理）技能的典型。

生活乏味的财务总监

他在一家公司已工作了很多年，对公司财务的方方面面——从公司季度利润数字到办公费用成本——都拥有丰富的知识。只要他随意地浏览一下报表，就能够对公司现金流动做出预测和分析，或者发现错误的统计数字。在会议上，他总是像"报出身体重量的计重器"那样，用机械单调的语调说话。他极端厌恶风险和冒险行为。他从来都不会对公司的前景感到兴奋。他生活在自己的工作中，对工作以外的事情没有任何兴趣。只有在极少数的情况下，他才会罕见地谈到他的个人生活。他给人留下的印象是：他是一个只知道工作、沉闷无趣的人。

他是一个拥有逻辑智力但是缺乏个人内心智力（自我意识）的典型。

办公室里的"活跃分子"

他是社交活动中的生命力和灵魂。他充满情趣，很受人们的欢迎，大多数人认为他绝对是一个魅力四射的人。他在顾客关系部工作，他与公司所有重要的顾客都保持着良好的友谊。事实上，他们中的许多人，当被通知参加会议的时候，都会点名要求他也参加。因此他经常匆忙地穿梭于商业午餐、集体酒会和正式的晚宴中。他有一肚子关于其他员工和公司的奇闻逸事。他最喜欢的事情莫过于下班以后，在酒吧里有一大群人围着他，他们全神贯注地听他侃大山，唯恐漏掉一个字。他很少在一个工作岗位待上较长一段时间，尽管他很受同事的欢迎，但他却是一个拙劣的决策者。就在上一次，他谈判的一笔商业交易，使他的公司损失惨重，全部的原因就在于，他不具备对他喜欢的顾客说"不"的硬心肠。他极少停下来对自己正在处理的事情进行思考，不会为了解决某个问题而集思广益。他总是关起门来，按照自己的思路分析数字，整理自己的想法，然后做出决定。

这是一个拥有人际交往智力但是缺乏远见，不懂得运用力量明智地控制、调整自己的情绪（自我管理、社会意识）的典型。

比赛中的情感和理智

在 2001 年 7 月召开的英国公开赛中，高尔夫球运动员伊恩·乌斯纳姆的球童迈尔斯犯了一个致命的错误。他在包里多装了一根球杆，这使乌斯纳姆受到了两击的惩罚。乌斯纳姆气愤地将那个多余的球杆摔在地上。愤怒的情绪使他在下两个球洞打出比标准杆多一杆的糟糕成绩。

接下来的情况是，乌斯纳姆在后来的比赛中恢复了正常，最终以标准杆数结束比赛。尽管失去了赢得公开赛的机会，但是，我们看到，乌斯纳姆感知自己情绪并理智地运用这种情绪的能力，使他在那天的比赛中免遭一败涂地的结局。

比赛过后，当有人问到有关球童犯错的问题时，乌斯纳姆说："他一生中再也不会犯下这样的大错了，再也不会了。他是个不错的球童。我不会开除他的。他是个好孩子……"

他决定不开除迈尔斯，这个决定正是情感与理智结合的结果。

与此相反，网球明星安德烈·阿加西的"情绪化"表现给他带来的是极大的遗憾。

一次在球场上，有人听见阿加西嘟哝了一些发狠的话，这使得他那天赛场上的感觉十分糟糕。裁判向他发出了警告，但是，这件事让阿加西更加心烦意乱。不一会儿，他就将一个十分容易击到的球打到了网上，结果他输掉了比赛。

有害情绪在工作场所的肆虐

哈里是一家拥有数百万美元资金的日常消费品公司驻澳大利亚办事处的经理，他刚刚目睹自己的组织经历了两年来的第二次合并，这种合并带来的后果可想而知。美国总部领导核心的突然调整使得公司落入一拨对业务茫然不知所措的人手里，公司前途渺茫。同样困扰人们的是，第二次合并以及新公司的成立，使公司一直以来赖以生存的IT系统和商品供应链发生断裂。高级财务经理被迫用电子表格制定期报告，为成百上千的产品线统计数十万美元的收益。

就在事情看起来糟糕得不能再糟糕的时候，总部的新老板们开始给员工提出更高的业绩，这在哈里看来简直就是天方夜谭。在当时的经济气候下，这些业绩根本不可能达成，更别提公司合并带来的许多不确定因素了。此外，公司现存的市场营销战略是根据传统的零售分配链制定的，和竞争对手采用的高效的电子商务相比，耗费了太多成本，逐渐丧失了竞争力，因此需要对这个问题重新进行严肃的思考。哈里和他的工作小组拼命地向总部传达他们对此事的关注和建议，但是新一届的管理层不为所动，于是过去两年来积聚的情绪上的不满与烦闷迅速剧变成为毒素。没过多久，这种压力就在公司的业绩表上得到了体现，并最终在哈里身上表现出来。过高的业绩要求使哈里手下的职员们感到沮丧和愤怒，最终使他们疲惫不堪。虽然这位经理已经倾尽全力帮助员工们减轻公司下达的任务命令了，但来自总部的无情压力最终还是把员工和哈里的创造力和活力消磨殆尽，公司的财务收益每况愈下。尽管员工们对哈里仍然忠心耿耿，但他们已经摩拳擦掌，开始准备另谋出路了。当承受了一年来自总部的无情压力后，哈里也结束了在该公司的职业生涯。

无论作为个体还是一个物种，情感对我们的生存都起决定性作用。事实上，情感并不是人类特有的。一个物种的存在主要取决于一些行为，包括应对突发事件、探索环境、躲避危险、与其他成员保持联系、自我保护、繁殖、防卫、给予或接受照料。如表1-2所示，数百万年前，情感在人类进化中与人类行为紧密地联系在了一起，使我们的生存免受威胁。

受益一生的哈佛情商课

表1-2　情感对于我们生存行为的价值

情感	行为
恐惧	危险！快跑！
气愤	和他拼了！
悲伤	我受伤了，快来救我！
厌恶	不要吃！那是毒药！
兴趣	让我们四处看看，探索一下
惊讶	小心！注意！
接受	为了安全起见，不要离开队伍
快乐	让我们合作；让我们重复我们的行为

我们对表1-2进行了修改来说明情感激励行为的方式（表1-3），尽管这些行为不涉及生存价值，但与日常工作是休戚相关的。

表1-3　情感激励我们行为的方式

情感	行为
恐惧	现在采取行动以避免消极的后果
气愤	反对错误与不公平
悲伤	寻求他人的帮助和支持
厌恶	表明你不接受某些事情
兴趣	激励他人进行探索和学习
惊讶	把人们的注意力转移到重要的并且出乎意料的事情上
接受	我很喜欢你，你是我们中的一员
快乐	让我们重复(该种行为)

了解情感的三个原则

情感非常重要，它和我们的生活是密切相关的。尽管情感很重要，但是我们的正式教育对情感的重视却微乎其微。所以当我们要理解或者处理情感时才发现我们知之甚少。

情感包含了关于我们自己和这个世界的信息。情感之所以会产生是由于存在某些对某个人十分重要的因素，同时，情感能够激励、指导一个人取得成功。在最基本的层面上，情感可以被看做是：

(1) 情感在周围的环境发生某种变化时产生。

(2) 情感的产生是无意识的并且是迅速的。

(3) 情感的产生会引起生理上的变化。

(4) 情感的产生会改变人们关注的事物和思维方式。

(5) 情感的产生为采取行动做准备。

(6) 情感会带来个人的感受。

(7) 情感会迅速地消散。

(8) 情感能帮助人们应对难题、经受挑战并获得成功。

情感主要提供关于人、社会状况和相互作用的信息。情感可以提供许多关于你的信息，比如说你的感觉、发生在你身上以及你周围的事情。但是，情感最重要的作用是帮助我们共同劳动，保证我们的生存。

当我们生气的时候，我们向其他人发出的信号就是告诉他们，我们需要静一静，或者要求他们把从我们这儿拿走的东西拿回来，或者其他什么。我们快乐的微笑则告诉别人，我们开放、包容，最重要的是，我们容易让人接近。

大多数人都会承认，情感会影响我们生活中的某些领域，这是很正常的，同时这也正是我们想要的。在运动场上，当我们试图击溃对手的士气或者激励我们的队伍时，我们看到了情感的重大影响。

但是，如果我们的工作需要的是运用逻辑，那情况又是怎样的呢？难道情感不能也不应该在作出极其理性的决定时发挥任何形式的作用吗？在一个著名的研究中，心理学家艾丽丝·埃森发现，即使是最需要理性作为基础的医生也会根据情感改变他们的思维和决定。在针对放射线医生进行的实验中她发现，在给了这些医生一点小礼物以后，他们做出诊断的速度更快、更准确（也许礼物使他们的情绪得到了适度的提高）。

以上实验说明：情感对我们作出判断有重要的影响，我们却几乎没有意识到是情感在发挥作用，这是不寻常的。不管你是否相信情感的作用，也不管你是否意识到情感的作用，都不能否认这样的事实：情感和思维是相互交织的。

正是因为情感在这样无时不在地、有些神秘地发挥着作用，所以压制情感的试图常常是徒劳的。社会心理学家罗伊·鲍梅斯特发现，当人们努力压制自己情感的时候，他们记住的信息往往会很少。看起来压制情感需要我们付出精力和注意力，如果不是在压制情感，这些精力和注意力就可以用在获取和分析信息等方面。

这并不是说我们必须放任情感，被情感淹没；相反，我们可以通过一些非压制情感的其他方式来分析某种情况隐含的信息和情感成分。其中一种方式就是情感评估，在这过程中，我们不仅要分析问题，而且要试着将这些问题以适合的方式重新表达，我们将这种情形视为需要应对的一种挑战，或者，我们可以从这些情形中学些东西。

我们的感觉不仅对自己有影响，对他人也是如此，不管这些情感是否是我们希望拥有的。显而易见，没有情感的介入就不会有决策的产生。没有情感，理性思维就不可能产生。

原始的情感反应对人的生存起到至关重要的作用：恐惧的产生会促进血液流入较大的肌肉，这样更利于奔跑；惊奇的产生会引起眉毛上挑，这样视野就会扩大，以更好地收集意外事件的信息；憎恶的产生会引起脸部皱纹的出现，于是便可以关闭鼻孔防止污浊气体的进入。

情感使我们真正成为人类，情感巩固了理性，所以我们要欢迎、接受、了解情感，并充分利用情感。

积极的情感可以给我们开辟探索和发现的空间。一般来说，积极或者愉快的情感可以激励我们不断地探索环境，拓展我们的思维空间，扩大我们的行为技能。积极的情感可以使我们敢于与他人不同，帮助我们找到事物之间的新联系，由此找到解决问题的新途径。

积极的情感对我们来说也有其他方面的影响。快乐的情感激励我们与他人交流，微笑或笑容可以让他人发现我们是友好的，容易和我们接近。积极的情感可以增强社会联系，使社会网络更加稳固。

积极的情感可以保护我们不受消极的事件或情感的影响。如果给人们看一部可能引起消极的情感的电影，而且在电影过后要求他们微笑，结果显示他们能够更快地从紧张情况产生的生理影响中恢复过来。

消极的情感也是十分重要的，因为消极的情感要求我们改变现在的做法和思维，可以使我们关注的领域更集中，促使我们采取更加具体的行动。

和积极的情感相比，消极的情感体现得更为强烈。这种现象背后隐藏着进化方面的原因，如遭受攻击或者受伤的生存成本要比在野外寻找有趣的东西的潜在收益大得多。因此，显示危险的消极情感必将得到更加认真地对待。只有我们所经历的比积极情感更强烈，我们才不会那么容易成为掠夺者的“美食”。

我们都喜欢积极的情感，并且认同其对我们的身体健康和幸福生活的作用。但是，所谓的消极情感（如恐惧、气愤和憎恶）也应该在我们的心中占有一席之地。我们需要平和的心境——快乐的情感，也需要做好搏斗的准备——消极的情感。

情商的作用

情商技巧加强了你的大脑应付情绪低迷压力的能力，使你保持免疫系统的强壮从而帮助你防止生病。情商技巧是工作场所中一个最主要的业绩预报器，是成就领导力和个人优秀的最强有力的驱动力量。

生活中的每个困境都会在一个恰当的时机找到成熟的解决方案。当问题足够大、能够看见但仍然还没到解决的时机时，你的情绪给你提供了行动的线索。通过理解你的情绪，你能够熟练地应付你当前遇到的挑战并避免将来再度发生。你的情商技巧帮助你解决艰难的处境，并在情绪变得难以管理之前就解决掉，从而帮助你更好地管理所面临的压力。实践情商技巧越多，越容易获得生活的乐趣。

当你正好相反压制你的情绪时，你体内就会迅速建立起紧张、压力和焦虑等不舒服的感觉，未被解决的情绪会损害你的心灵和肉体。压力、焦虑和抑郁压制了人体的免疫系统，人们可能会患上普通感冒直至癌症等种种病症。新的医学研究表明，在情绪的长期低迷与各种各样的严重疾病（如癌症）之间有确定的联系。

情商技巧对身体的快速恢复也有一定的帮助作用。在住院治疗期间发展了情商技巧的人可以更快地得到恢复，教会那些患有生命威胁疾病的人学会情商技巧已经表明：情商技巧能够帮助减少疾病的复发次数和降低死亡率。当某个个体被诊断患有危及生命的疾病（如癌症）时，他常常会对诊断结果产生压力和焦虑。这种疾病常常是病人从未有过的最大挑战，他常常需要新的技巧来应付伴随而来的压力和不确定性。情商技巧的显著作用在于减少压力的水平，让患者保持一个更好的食欲，发展更强大的免疫系统。

情商技巧的实践对个人职业成功有多大的影响？简短的回答是：非常非常大！这是一种强有力的方式，情商能帮助你在职业方向上集中精力，并取得职业成功。你可以通过多种方法应用你的情商技巧来改善你的工作业绩。在所有类型的工作中，情商技巧对职业成功非常关键，几乎占了60%的业绩。

单位作为一个整体也从情商中受益。当一个公司中有成千上万的人提高了他们的情商技巧时，公司业务本身也会飞跃发展。情商技巧驱动提升领导力、团队工作和客户服务水平。如果一个公司能够围绕一个单一概念产生迅速扩大影响的活力，那么它就激起了人们能够茁壮成长的文化。当人们建立起他们的情商技巧时，他们会在完成任务方面做得更好，在相处过程中做得更好，在工作过程中得到更多的回报。这样，情商帮助人们创造了一个多赢的环境。

第二课　情商 VS 智商：
情商比智商更重要

　　哈佛大学通过对历届学生一生成就的调查研究得出：促使一个人成功的要素中，智商作用只占 20%，而情商作用却占80%，情商才是人生成就的真正主宰。

　　毫无疑问，一个人的成才，正常的智商是必须具备的条件。一个智商不正常的人，将来是很难做成一番事业的。但，智商正常，甚至超常的人，就一定能成就惊天伟业吗？答案是：不一定。在建功立业的过程中，智商重要，情商更重要。

高校自杀事件为何频频发生

　　2005 年 4 月 23 日下午 4 时，北大中文系大二的一名女生从北大理科 2 号楼 9 层跳下，经抢救无效身亡。后经证实确认，这名女同学是因为心理压力过大而选择自杀的。半个月后，数学系一名男博士从同样地点跳下，当场身亡。死亡原因不明，但人们推测多半是由于情绪或者心理问题而导致的轻生。

　　2005 年 6 月 4 日上午，北京师范大学一名韩国留学生自该校公寓楼 7 层跳下身亡。当天下午，中国青年政治学院社会学系一名大二女生自学生公寓 4 层跳下。她站上窗台的瞬间，同寝室同学曾经竭力拉她，但最终没能挽救她的生命。

　　2005 年 8 月 20 日下午 4 时多，中科院上海有机化学研究所的一位在读博士生从研究所教学楼 7 楼纵身跳下，结束了自己 26 岁的年轻生命。令人感到震惊的是，该博士生在决定自杀之前并没有表露出任何征兆，而在遗书中，他直陈自己选择跳楼来结束生命的原因是"厌世、精神抑郁"。

　　2005 年 9 月 14 日晨，北京中科院高能所 28 号楼下，中科院理论物理所一名博士后的尸体被人发现。之后，警方排除他杀。36 岁的他是中科院理论物理所的博士后，德国洪堡学者和日本 STA 学者，在 32

岁时就成为了正高研究员，每个认识他的人对他的评价都是"优秀"。他平时比较沉默寡言，很多人难以相信：这个人缘极好、前途光明的中科院理论物理所的博士后，会选择这样的方式结束自己的生命。

仅2005年一年，北京高校就有15名大学生自杀身亡。2004年，北京自杀死亡的学生为19人。触目惊心的数字啊！警钟已经拉响，我们必须要直面一些不愿看到的问题。这些国家培养的学子，不应怀疑他们的智商，不能否认他们的知识，但他们为什么会采取这样令人惋惜的举动结束自己的生命呢？一本《自杀日记》一度在大中小学校的校园里悄悄地流行。可见，这样内容的一本书迎合了这些在校学子的心理需求。为什么会有这样的书在学校这个神圣的地方有生存的土壤？

问题出现之后，大家都开始思索大学生这一高智商人群的心理问题，出现问题的原因何在？我们发现了"情绪"这个因素的巨大影响力。

当高智商的学子在情绪上不能自控的时候，往往会产生许多心理问题，这样他们不但不能发挥自己的才能，相反，会对自身和整个社会产生可怕的后果。然而，作为非正常死亡的自杀，它并非肉体生命发展的自然结局，而是人的自由意志的断然抉择。法国著名社会学家迪尔凯姆在其名著《自杀论》中给自杀下的定义是："凡由受害者本人积极的或消极的行为，直接或间接引起的受害者本人也知道必然会产生这种后果的死亡。"根据这个定义，迪尔凯姆把自杀划分为四种类型：第一，利己主义自杀。即在极端个人主义支配下，个体脱离社会，远离集体，空虚孤独，丧失社会目标而自杀。第二，利他主义自杀。这往往是个人利益服从于某种集体利益所促成，如老人或病人为了不给亲属增加负担而自杀。第三，反常自杀。它主要发生在社会大变动时期或经济危机时期，个人丧失对社会发展的适应能力，新旧价值观念的冲突无法解决，或因社会变动而造成个人沉沦。第四，宿命论自杀。这是集体强加于个人的过多规定与束缚造成的，个人感到前途黯淡，压抑过大，因此选择自杀来结束自己的生命。按照这些类型对当前青少年自杀现象归类便会发现，它们大部分属于第一种或第四种，此二者中又以宿命论自杀为最多。

几年前，《中国青年》杂志曾刊登了一封令人思索的遗书："那天我看电视，见采访一个放牛娃。放牛娃说，他的理想是放好牛，然后卖牛挣钱盖房子，盖了房子娶媳妇，娶了媳妇生孩子，生了孩子再让他放牛。事后，我想到了自己——我为什么读书？考大学。考上大学又为什么？找一份好工作。有了好工作呢？找个好媳妇。然后呢？生孩子，让他考大学、找工作、娶媳妇……"最后，他得出结论："这样的生活没意义，这样的生命没价值。"于是，一位连续 3 年是校级三好学生、班长的优秀少年服毒自杀了。少年的自杀说明他有思想，有独立的思考问题的能力，可是这样一位有思想的高智商的少年，却考虑不到人生并不是这样一个单维度直线，人生的意义就是在于过程。天才的脑袋想不明白最简单的道理。高智商的大学生的情商可能比人们想象的还要低。据报载，某大学生少年班的"天才"在情绪调节、心理发育上存在种种隐患，表现为孤僻、闭锁、交往障碍和智能减弱。某大学生心理咨询中心的数据表明近几年该校休学的学生中，34.3%是由于心理疾病。

从中我们可以发现，对于一个人的成才，必须要考虑更多的因素，一些非智力的因素一定要考虑进来。高智商与成才之间的必然关系已经崩溃，尤其在这个瞬息万变的信息社会里。知识的重要性固然不可否认，但是，信仰与精神的力量尤其不可忽视。人才的概念不可专注于智商，正是由于高智商人群的问题令人惊异，当"情商"这一概念出现之后，人们兴奋异常，就像抓住了一根救命稻草。心理学、成功学、管理学、教育学，都在讲这一概念。我们在这里要讲到的，涉及的领域非常广泛，我们力求全面考察"情商"这一概念的应用，探讨的核心问题就是怎样成就辉煌的人生，怎样使人生有意义。

"天才"与"白痴"的一步之遥

人生道路上，以智取胜的时候当然有很多，但是心理素质在一个人成才的道路上有着不可忽视的意义。

有一个著名的"软糖试验"，很能够说明一些问题：

软糖试验

1960 年，著名的心理学家瓦特·米歇尔在斯坦福大学的幼儿园里做了一个软糖试验。他召集了一群 4 岁的小孩，在一个大厅里面坐下，每个人面前放了一个软糖，对他们说：小朋友们，老师要出去一会儿，你们面前的软糖不要吃它，如果谁吃了它，就不能再加一个软糖；如果你控制住自己不吃这个软糖，老师回来会再奖励你一个。老师假装走了，在外面窥视。这群 4 岁的小孩，在老师走了以后，看着软糖，甜啊。有的小孩过一段时间手伸出去了，缩回来，又出去了，又缩回来，过了一段时间以后，有的小孩开始吃了。但是有相当多的小孩坚持下来了。老师回来后，就给坚持住没有吃软糖的奖励了一个。试验结束了吗？没有，后面的过程才是重心：专家就开始分析那些没有吃糖的孩子，他们凭借什么力量坚持下来了呢？有的小孩就数自己的手指头，不去看软糖。有的把脑袋放在手臂上，努力使自己睡觉。对这些孩子，他继续观察，继续分析，到了这些小孩上小学、上初中，他就发现，能控制住自己的不去吃软糖的，上了初中以后，大多数表现比较好，成绩也比较好，合作精神也比较好，有毅力；而控制不住自己的，表现不好，不仅仅是读中学，进入社会之后的表现，也是如此。

这个"软糖试验"告诉我们什么？那就是学会控制自己。这项并不神秘的试验使人们意识到，不要将智力在人生的作用方面估计偏高，在我们走向成功的道路上，一定还有很多别的因素。例如，三国时期的周瑜，智商很高，领兵打仗能力可谓是足智多谋。年纪轻轻地就当了将军，大都督。最初，许多老将都不服他，这么年轻的后生怎能担当如此大任？后来火烧赤壁，打了一次漂亮的大胜仗，大家这才对他另眼相看。智商这么高一个人，后来怎么死的？说来可笑，是被诸葛亮三气而死的。《三国演义》第五十六回就有记载。不管是真是假，这个故事告诉我们有这样一类人：即使他们是成功者，也有软肋，如果不能克服的话，那就是致命伤。孔明三气，他竟然马上昏厥，断气了。临终前仰天长叹："既生瑜，何生亮！"年寿只有 36 岁，这应该是周瑜的事业如日中天的最佳时刻，他本来应该可以取得更大的成功的，但是他在顺利的时候趾高气扬，遇到逆境的时候，竟然抑郁成疾。总之，由于他是一个心胸狭窄、爱动怒、爱生气、嫉贤妒能的人，还多次想把诸葛亮干掉。所以，他不但没有取得更大的胜利，却因为过度的生气而早早地撒手人寰，可悲，可叹！可见一个人的心理素质是怎样的，决定了他将来能够承担什么样的大事，做到什么样的程度。在现代社会有很多这样的情况，不少神童最后没有像人们想象的那样长大后可以有大出息，为什么？只能在性格上找原因。

通常情况下，普通少年的智商介于 90 到 110 之间，而智商高于 130 的少年则被称为"天才"少年。有统计数据表明，"天才"少年在同龄人中的比率约为 2%。人们常说，"天才与白痴只有一步的距离"。"高智商"有时候会被认为"低情商"，"高情商"有时也是一种"低智商"的表现。风靡世界的电影《阿甘正传》中的主人公阿甘，就是一个典型。他是天才的运动员、战士、商人，可是我们知道他从小就是被人嘲笑的白痴。他真的是白痴吗？智力的迟钝固然令人与成功有了距离，但是成功不一定永远属于高智商的天才。成功属于高智商与高情商完美结合的人。

我们可以从阿甘身上学到很多东西，我们可以学到的最重要的一点，就是专心做好自己的事情。"天才"与"白痴"的一个共同点，就是执著于一点，竭尽全力，不达目的不罢休。阿甘天生就注定不是一个出类拔萃的人。但上帝又是如此的公平——往往会令起点不高的人比天生优越感十足的人更早更深刻地认识到生活中的真实。从智商只有 75 分而不得不进入特殊学校，到橄榄球健将，到越战英雄，到虾船船长，到跑遍美国……阿甘以先天缺陷的身躯，达到了许多智力健全的人也许终其一生也难以企及的高度。有的人常常会感觉到生活的负担过重，人生道路上，面前的困难重重，因而整天垂头丧气、郁郁寡欢。阿甘呢？在生命的每一个阶段，心中都有一个目标在指引着他，他也只为此而踏实地、不懈地、坚定地奋斗，直到这一目标的完成，或是新的目标的出现。没有单纯的抉择就不会没有心灵的杂念；而没有心灵杂念的人，才能够在人生浮沉中举重若轻。正是因为他的信念是这样的单纯，目标又是这样的清晰，即使先天不足，甚至是面前有穷山恶水，可爱的阿甘也绝对能够以一颗绝对平常的心视之，并最终一一跨过。这绝不是仅仅用"傻人有傻福"就可以解释的。所以，我们宁愿相信，只有保持阿甘这种生活态度和坚强意志的人，才能够减轻自己生命中的重负，从而达到生命之巅，获得人生最终的辉煌。

《阿甘正传》获 1995 年第 67 届奥斯卡最佳影片、最佳男主角、最佳导演、最佳剧本改编、最佳剪辑、最佳视觉效果六项大奖，导演是罗伯特·泽梅基斯。重要的是这部片子影响了一代人关于人生的思考：在我们的身边，究竟谁是傻瓜谁是天才？

人们常常认为，智商高的少年与普通少年相比情商往往有缺陷，如爱独处、易怒、脾气不好等。但德国马堡大学心理学教授德特勒夫·罗斯特却指出，这一偏见并无根据，"天才"少年的情商与普通少年并无明显差别。这些少年由于智力上的超常而往往被认为在生活等其他方面也具有较强能力，因此往往需要自行判断并处理更多的事情，人们对他们的要求也会比普通孩子高一些，从而造成一定的心理压力，显得离群索居。而普通少年则要轻松一些，在生活等方面受到的优待相对更多。这可能是导致两者性格表现方面出现差异的原因。如果一个高智商的"天才"没有正常的"情商"，这样的"天才"是站不住脚的，爱因斯坦的例子最明显。

"智力低下"的爱因斯坦

阿尔伯特·爱因斯坦出生在一个犹太人家庭。小时候的爱因斯坦便对各种事物怀有强烈的好奇心。5 岁时，父亲给他买了一个指南针，那是一个儿童玩具。当爱因斯坦注视着那根指向南方的"魔针"时，他兴奋得简直坐立不安了。他觉得这个小东西是那么的神奇，当时虽然不懂得什么是磁场理论，但他却本能地感觉到，自然界蕴藏着无数的奥秘，自己正站在一个令人着迷的世界的门前，于是，他从小便产生了探索大自然的强烈欲望。凭着自己的高智商，爱因斯坦在科学上提出的理念非常新颖、不可思议。直到今天。他关于时间和空间的理论——相对论、关于微小粒子的理论——量子论等，仍极大地影响着科学家对原子和宇宙的看法。世界上没有多少人能名副其实地被称为"天才"，但爱因斯坦肯定当之无愧。他的理论几乎改变了物理学的每一个范畴。如果没有这些理论，现在的激光、电视、电脑、宇宙航行和其他很多事物，根本就不会出现。但是，爱因斯坦在童年的求学时期并不愉快，老师们都认为他并不很聪明，对待他也很不友善。一次，教师送来了他的成绩报告单，他的父亲看了感到很痛心。老师对他的父亲说："这孩子智力迟钝，不喜欢同人交往，老是糊里糊涂地在自己的梦呓中游荡。"同学们还给爱因斯坦起了一个绰号——"孤独小老头"。但爱因斯坦并没有察觉到长辈的担忧，他感到这个世界充满了奇观，他的心智像一匹脱缰的野马，想要奔驰。他觉得自己是孤零零一个人来探索这个世界的，他不需要什么伙伴。他在花园里玩耍，或者在街上边走边唱自己编的歌曲，他以令人难以置信的方式过着快乐的日子。

情商的锻炼与艺术的修养密切相关，爱因斯坦对音乐的迷恋不亚于对自然的痴迷。爱因斯坦的母亲是位颇有才华的钢琴家，在母亲的影响和教育下，他从 6 岁开始学拉小提琴。音乐使他兴奋异常，每当他的母亲在钢琴上弹奏一曲莫扎特或贝多芬的奏鸣曲时，他就一动不动地站在旁边，出神地听着。虽然他精于音乐，但很多学科的成绩都很差。可是，他对数学却有着浓厚的兴趣，在 12 岁到 16 岁这段时期，爱因斯坦熟悉了数学的基本原理，并对自然科学的研究状况有了一定的了解。不久，他的数学和理论科学的专长得到了公认。

1896 年，他进入联邦工技学院物理数学系就学，4 年后毕业。直到 1902 年，他在伯尔尼专利局找到了一个"三级技术鉴定员"的职位，他一个小时又一个小时地伏案计算着数字，而心里却梦想着天上的群星。他告诉他的女朋友："我一直在试图解决空间和时间的问题。"1905 年 3 月，爱因斯坦发表了《关于光的产生和转化的一个启发性观点》，提出了量子学说，成功地解释了经典物理学所无法解释的光电效应，开拓了量子力学研究的领域，这也使他在 1921 年荣获了诺贝尔物理学奖。1906 年，爱因斯坦发表了具有划时代意义的论文——"论运动物理的电动力学"。这一理论的创立，不但揭示了力学运动和电磁学运动在运动学上的本质统一性，而且也为原子能的开发和利用提供了理论基础。

20 世纪另一位伟大的物理学家普朗克写信对爱因斯坦说："您的理论将要带来的是如同曾经为哥白尼的世界观所进行的战斗。"并推荐爱因斯坦于 1908 年成为了伯尔尼大学的副教授。但是普朗克也没有意识到相对论给物理学带来的深刻变化。爱因斯坦以时空相对观念取代了牛顿的绝对时空观念，向束缚人类几千年的经验和流传科学界近 300 年的权威提出了挑战。1919 年的日全食观测和爱因斯坦相对论做出的预测吻合，11 月 10 日《纽约时报》以"天上的光全是歪的，爱因斯坦的理论胜利了！"作为醒目的标题。对爱因斯坦来说，科学重于一切，科学就是他的生命，他虔诚地为科学献身。直到晚年，探求宇宙的微妙、寻求秩序和谐的自然法则的愿望仍盘踞在他心中。

因此，我们对于"天才"的概念不能仅仅局限于智力的高低，"情商"因素的影响绝对不能忽视。爱因斯坦的心境可以说是一种执著与痴迷，平静而辽远的，并且在音乐艺术的世界里，他能找到自己的心灵家园。他不会孤独，寂寞，绝望，忧郁成疾，这些所有的"情商"因素对他的成才起到了不可忽视的作用。

低情商——"精神杀手"

低情商的硕士生

2005年9月20日，刚从成都某重点高校研究生院药学院毕业两个多月的一名硕士生谢某，吞服大量安眠药，深夜11时在成都一家医院抢救无效，在自己事业风帆刚刚扬起时，27岁的生命戛然而止。

谢某本科就在药学院就读，毕业后到天津一家制药厂工作了两年后，又考回药学院读研究生，2005年7月刚毕业，就被分配到一家研究所。工作后，谢某一直觉得自己无法胜任工作，不断地自责说自己无用，不能养活自己，不能为父母分忧。工作上的压力，加之他本人有抑郁症，工作了一个月后，谢某的精神状态差到极点，"面无血色，整日神思恍惚"。于是在同事的陪同下，他到川大华西医院进行了一段时间的心理治疗，但是还是没有从根本上解决他的精神危机。

在同学们的帮助和鼓励下，8月底，刚工作一个月的谢某从研究所辞职，进入到成都某药业集团研发室做化验工作。因化验室就谢某一个人，考虑到谢某性格内向，不太适合长期一个人单独工作，同学们又帮忙将他安排到一个研发小组工作。"他父母都是下岗工人，家里很困难，同学都在努力帮助他，希望他能尽快走出阴影，积极面对生活和工作。"但是，没想到，在新的单位工作了才10多天，他还是抛下年迈多病的父母，走上这条不归路。"他的同学这样对人们说。

得知儿子自杀噩耗后，谢某的父亲老泪纵横，谢某的母亲做梦都没有想到，白发人送黑发人的悲剧会发生在自己的身上。据谢某的同窗好友陈振东说，谢某的母亲几年前下岗，前不久检查出身患癌症。得知自己寄予厚望、引以为荣的儿子自杀的噩耗后，这位正在化疗的老母亲当场晕倒，无力前来成都见上儿子最后一面。

谢某或许有权停止自己27岁的生命，但是他留给亲人的是永远的伤痛和怀念。他吞下那些小小的药丸时，可曾想到窘迫而沧桑的双亲？妈妈以他为荣，父亲卖报挣钱供他读书。他或许解脱了，但他却把痛苦转嫁给了生他养他的父母。为不能报答父母他自责，但是他却没想到自己好好活着也是对父母的一种报答啊。

有那么多热心的、真诚的同学一直还在帮助他走出心理阴影，但是他却去了，撇下最疼爱他的家人、最关心他的朋友们。

当前，角色转换与适应障碍的情况频频出现在高智商者中间，这种不适应如果得不到及时调整，便会产生失落、自卑、焦虑、抑郁等心理问题。

在追求高端知识的时候，其他的各种需要被压抑到最低点，知识的增长伴随着的是人格塑造的缺陷与心理适应能力的欠缺。利益占有与分享不均衡的出现，也会导致他们心理失衡，而调节不成功导致心理严重失衡，轻则出现精神异常、精神疾病，重则出现自杀、犯罪倾向等重大心理问题。

生命不是一条脆弱的直线，应该是条绷得越紧越有韧性的曲线！走出心魔，前面是片阳光地带。

智商与情商的异同

说到"智商"，其实这是我们在生活中常常接触到的一个词。那么智商到底是什么，它又来源于何处呢？

其实，智商是测量个人智力发展水平的一种指标，简称 IQ，智商在很长一段时间内一直被人们看做是衡量人的心智素质的唯一指标。

一般说来，智商的高低反映了一个人智力水平的高低，也就是一个人的观察能力、记忆能力、思维能力、想象能力等方面发展水平的高低，它主要表现的是人的理性能力。

智商测试最早出现在 19 世纪，到 20 世纪初被各国广为采纳，并成为许多科学研究、人才培养以及特殊职业的重要辅助标准。1904 年，法国教育部组织了一个专门委员会，来研究公立学校低能儿童的管理问题。委员会的委员比纳和医学家西蒙试图研究一种用测验的方法去辨别有心理和智能缺陷的儿童。次年，一套用以测量儿童智力高低的问卷编制问世，这就是世界上最早的智力测验科学量表——"比纳-西蒙智力测验"。

"比纳—西蒙智力测验"中并没有智商的概念，而是用心理年龄来表示被测试者智力的高低。如果心理年龄高于生理年龄，则被认为智力高于一般儿童。

后来，在修订的"斯坦福—比纳"量表中，"智商"被第一次提出，计算公式如下：

智商（IQ）=智力年龄（MA）÷实际年龄（CA）×100。

所谓智力年龄，是指智力达到某年龄的水平。这是通过特定的问卷等测评系统检测出来的。例如一个 5 岁的孩子，在做 5 岁组儿童的智力测试题中能及格，在做 6 岁组的智力测试题中也能及格，但在做 7 岁组的智力测试题中却没有及格。那么，这个儿童的智力年龄为 6 岁。他的智商（IQ）就是 6（智力年龄）/5（实际年龄）×100=120。由此可见，如果一个孩子的智力年龄超出实际年龄越高，说明这个孩子的智力发展水平越高，他的智商也越高。

一般说来，在未经挑选的人群中，智力平均数为 100。因此，智商接近 100 者称为智力正常，智商高于 130 者称为智力超常，而低于 70 者则称为智力落后。

"比纳—西蒙智力测验"问世之后，很快便引起了法国教育部的重视，并得到了大力推广。自此以后，各种测量智力的测验表相继问世，并在西方社会迅速普及开来，并渗透到各行各业、各年龄层中，掀起了智商测试的阵阵狂潮。可以这么说，20 世纪的西方世界，几乎没有人在其一生中能够避免智商的测试！

智商测试迅速风靡整个社会，对人们的生活产生了重大的影响。越来越多的人通过智商测试来了解自己的智力水准，并将其作为自己职业选择和决策的主要依据。作为家长，他们通过孩子的测试结果来为他安排适当的学习内容、学习环境，在升学、选择专业时作为参考，了解其智力结构中哪些方面是薄弱环节，哪些方面具有优势，从而有针对性地开发智力。所以在此后很长一段时间内，五花八门的智商测试题可以频频见诸报纸、杂志、网络，而各大知名企业在引进新人时增加对其智商的考核，更是对这股风潮起着推波助澜的作用。可以说，从"智商"的出现开始，经过循序渐进的层层发展，"智商风潮"大行其道。

简单来讲，"智商"与"情商"的区别主要在于如下方面。

1.生理的与心理的

智商是与生俱来的，属于大脑的固有结构，因而是生理范畴；情商是一种精神状态，属于意识与心理范畴。

2.先天的与后天的

智商是天生的，是有遗传因素的，我们只能通过后天的勤劳来补"拙"；情商是后天的，与生活环境有关，可以通过精心的训练来提高。因此，智商在一生中变化是很少的，从小差不多就定了。情商最基本的技能是从父母那里学到的，它会随着人的自然成长而提高，情商是可以学习的。最新脑科学研究证明，大脑中管情感的区域，到20多岁才成熟，这就给年轻人提供了进一步发展自己情商的机会。人可以通过努力，在自我意识、自我控制、对他人的理解等方面做得更好，所以美国很多学校现在开了这方面的课程。

3.必然的与偶然的

智商常常被人认为是人生的必然，我们不能改变多少，不是我们自己可以控制得了的；情商好像偶然性比较大，我们可以通过改变自己的行为举止，来达到自己的目的。首先要认清自己，看看自己在情感智力的哪个方面比较薄弱，比如你是不是容易被激怒？是不是做事不果断？是不是不敢站出来争取机会？然后要不断练习。开始时，可能会觉得很不自然，不舒服，觉得好像不是你。就像打保龄球一样，需要不断练习。

4.重要的与次要的

这是一个流动变化的观点，在情商还没有问世的时候，智商一统天下，现在，在重重精神危机与压力下，情商的重大作用压倒了智商的调子，成为人才的衡量标准，只有了解了两者的不同，才能充分利用两者的各自优势，在我们的生活工作中游刃有余，处乱不惊。生活中有好多非常聪明的、天才的专家，但他们都没有取得成功，因为他们没法让人接受自己的想法，那需要另一套才能，这就是情感智力。如果你在研究发展部门工作，IQ 是重要的。但你的好想法、好点子，要进入市场，就不能靠你一个人，你得组织班子，说服别人，把它推向市场，这就与情商密切相关了。

如果想把两者量化，智商已经有完善的量化标准。但是，对于情商，情商之父戈尔曼认为是很难直接测量的。首先，它是人的自我意识，很多人都是没有自知之明的。另外，我们人人都想给他人一个好印象，就会装出一些东西来，因此测量起来就比较困难。行之有效的方法是"行为事件访谈"，用特殊的方法让受访者讲故事，一次 4 小时左右。然后由一些专家做编码，进行量化，看你有多少情商的胜任特征。

智力的不同类型

认知能力与情感智力是两种不同的能力，是大脑不同部分活动的表现。智力完全扎根于位于大脑顶部且进化较晚的新皮层活动，而情绪中枢则位于大脑较深的部位，在更原始的下皮层。情感智力与这些情绪中枢的活动有关，并与智力活动相协调。

《牛津大词典》对智力的定义是"领悟力、理解力"，而且特别把"领悟力、理解力"定义为"与感情截然不同的推理、意会和思维的能力"。有鉴于此，我们对智力有了一个狭义的定义：能够运用智商测试，用理论考试对结果进行衡量的能力种类。在相当长的时间里，在 20 世纪的前半叶，这就是大多数心理学家所致力研究的智力形式。

到 20 世纪 80 年代，霍华德·加德纳发表了多重智力理论，他的这项突破性研究拓宽了这一课题的疆域。他认为，生活中的成功不仅仅取决于智商，还必须依赖其他多种不同的智力类型，它们大概可以包括：

语言智力。运用和领会语言的能力。在这一领域里显示出卓越才华的人，包括作家、演说家、学者和优秀的听众。

逻辑推理智力。解决逻辑推理问题和数学问题的能力。在这一领域里产生出来的卓越代表是数学家、哲学家、统计学家、会计师、逻辑学家和科学家。

空间智力。在视觉和空间形式和模式中工作的能力。这一领域的优秀代表是飞行员、工程师、画家、雕刻家以及航海家，还可以包括那些"解读"水晶球的占星术、看相算命以及看风水的人。

音乐智力。包括适当的音乐方面的能力。这一领域里的优秀代表包括作曲家、乐器演奏者、乐队指挥和歌唱演员等。

动感智力。机敏灵活地运用个人身体的能力。这一领域里的优秀代表包括运动员、演员、舞蹈家、外科医生和艺术家。

自然观察智力。观察、辨别、接触或关注植物和动物，了解动植物群的生命周期或人造物的生产规律的能力。优秀代表有农民、植物学家、猎人、生态学家和园艺设计家。

人际技能。通过理解他人的内在想法和感觉，对他人的意图和情绪做出适当回应，而能够与人友好相处的能力。传统上说，这种技能对销售人员、教师、心理医生、行政管理人员和公司经理一直是一种非常重要的东西。

个人内心技能。监视个人自己的细微思维、感觉、意识和情绪，并通过这些东西的引导作出正确决策的能力。它包括获得与个人渴望、梦想、希望和价值观相关的能力。神学家、心理学家和哲学家是具备这种技能的人的代表。

在以上八种智力类型中，前六种可界定为认知能力，后两种可界定为情感智力。个人具备这些智力类型的程度存在着千差万别，现实生活中，人们在某一种智力类型上表现出"天才"，而在另一种智力类型上却表现得像"白痴"的例子比比皆是。在电影中，我们经常可以看到类似的例子：伟大的钢琴演奏家具有突然勃然大怒的倾向（有音乐智力而缺乏个人内心智力）；世界体育冠军口齿不清（有动感智力而缺乏语言智力）；大学教授跳舞的动作笨拙得像大象（具备教授学科的高智力而缺乏动感智力）。而在商业环境中，这种类似漫画的情境更是多得不胜枚举。

情感智力

情感智力是一种以情商为基础，通过练习而形成的能力。情感智力要求一个人必须诱发或压抑情绪，以维持使他人产生适当心理状态的外观。情感智力是一种光荣的技巧，要想工作业绩优异、生活幸福，情感智力必不可少。

那么，情感智力是什么呢？情感智力是这样一种能力，它通过对我们自己及他人的情感的理解来影响我们的决定，从而使我们能够采取更富有成效的行动。例如，对顾客热情周到的服务就是建立在移情基础上的一种能力；同样，可靠、受人信任也是以自我约束、克制冲动、控制情绪等为基础的一种情感能力。为顾客服务、赢得顾客信任都是使人工作能有出色表现的能力。研究表明，事业成功与否，在很大程度上取决于我们如何最娴熟地运用这些技能。拥有良好的情感智力的人之所以能够达到事业的顶峰，是因为他们充满自信，深谙自我激励的奥妙，不会受到失去控制的情感的支配。他们也许会因为挫折而失望，但是他们能够迅速地发现它的危害性并战胜它。然而，仅仅能够掌控自己的内心世界还远远不够。一个拥有良好的情感智力的人，还必须能非常机敏地向外部世界表达他们自己的感情。他们对他人的移情作用，使得他们能够在工作中理解他人，从而影响他人。

　　情商的高低决定了人们学习具体技能的潜力大小，但仅是高情商并不能保证人们就能学会对工作来讲关系重大的情感能力。高情商仅意味着人们具备了学习情感能力的巨大潜力。例如，一个人或许非常善于设身处地地替人着想，但并不一定就掌握好了建立在移情上的情感能力，而只有这些能力才可能把移情转化为一流的工作能力——或一流的飞行指导，或能将一个意见分歧的工作小组凝聚起来。这跟音乐表中情感能力框架相似，一个人有完美的嗓音，但他还需要学习唱歌技巧，才能成为一个优秀的歌唱家；如果不学习唱法技巧，他就不可能从事歌唱的生涯，即使他具有帕瓦罗蒂的天赋，也绝不可能扬名歌坛。

情商能力与情商技巧

　　下面来分析情商能力与情商技巧之间的关系（见表 2-1）。

表 2-1　四种情商技巧

自我意识技巧	自我管理技巧
社会意识技巧	关系管理技巧

　　这四个技巧一起构成了情商。上面的两个技巧——自我意识技巧

和自我管理技巧是更多关于自己的；下面的两个技巧——社会意识技巧和关系管理技巧，是更多关于如何与其他人相处的。

这四个情商技巧倾向于两两相配形成两个主要的情商能力：个人能力和社会能力。个人能力是应用自我意识技巧和自我管理技巧的结果，是个体意识到自己的情绪和管理自己的行为与脾性的能力。社会能力则是应用社会意识技巧和关系管理技巧的结果，是个体理解其他人的行为与动机和管理社会关系的能力。这些通过两两相配形成的个人能力和社会能力的技巧一起出现的频率非常高，以至于它们不能在统计分析中独立显示出来，并且单一技能不足以获得期望的结果（见表 2-2）。

表 2-2　情商能力与情商技巧对应表

自我意识	自我管理	——————————→	个人能力
社会意识	关系管理	——————————→	社会能力

体现个人能力的自我意识技巧和自我管理技巧更多地集中在个人而不是个人与其他人之间的相互影响。自我意识技巧是指个体能时刻确定地感知自己的情绪，并根据情境控制自己的情绪，包括保持对特定事件、特定挑战甚至特定人员的特有反应。对自己的发展趋势有一个清晰的理解是非常重要的，这种理解能帮助个体迅速弄清楚情绪所代表的真实含义。高水平的自我意识技巧需要主动忍受直接聚焦于负面情绪所带来的不适；当然，专注和理解自己的积极情绪同样必不可少。

真实地理解自己情绪的唯一途径是花足够的时间来思考这些情绪来自哪里和为什么会产生。情绪总是服务于某种目的，因为它们是个体生活体验中的反应，情绪总是来自某个地方。许多时候情绪看起来好像是无缘无故发生的，但重要的是理解为什么现在的环境会如此重要，从而在自己的身体里产生某种情绪反应。这么做的人常常会非常迅速地贴近情感的核心。

自我管理技巧依赖于个体的自我意识技巧，是个人能力的第二个主要组成部分。自我管理技巧是指个体应用自我意识技巧来保持情绪上的灵活状态和积极指导自己行动的能力。这意味着需要管理周围环境和他人的情绪性反应。有些情绪会产生令人瘫软的恐惧，并使思考变得非常混乱，以至于在应该采取一些行动的情况下找不到做出最佳反应的方向。在这样的环境下，自我管理技巧就通过容忍情绪显露的能力而展现；一旦理解和建立了情感上的舒适度，就能自然而然找到最佳反应的方向。

社会能力集中体现在理解他人和管理相互关系的能力上。它是应用理解他人的社会意识技巧和关系管理技巧这两种情商技巧的结果。社会意识技巧是个体准确认识其他人的情绪和理解伴随这种情绪背后真正原因的能力，这常常意味着即使个体没有相同的感受也能感知他人在想什么和如何感受。一个人领会自己的情绪感受非常容易，困难的是常常忘了站在其他人的角度来考虑问题。

关系管理技巧是应用前面三种情商技巧——自我意识、自我管理和社会意识——的产物，这是一种使用对自己和他人情绪的意识来成功管理双方关系的能力，这种能力确保了真诚的沟通和有效的冲突掌控。随着时间的消逝，我们会发现关系管理技巧也是建立与他人联系的纽带。那些很好地管理着双方关系的人会专心致志发现这种关系的价值，即使他们并不喜欢那些人，也能够看到与这些不同人之间的联系带来的好处。牢固的关系是一种应该寻找和珍惜的财产。

在丹尼尔·戈尔曼的畅销书《情感智力》和《情感智力的运用》中，"情感智力"是频繁使用的一个词。在此以前，心理学家们就一直在研究"交往智力"的问题，并在20世纪初就得出了结论。稍后一些，霍华德·加德纳的研究表明，在人的智力中，除了语言和数学智慧外，还有动感智力、空间智力和音乐智力、人际和个人内心的技能。

个人内心技能指的是对自己的思维和感情的内在世界拥有良好的理解，内在思维世界和内在感情世界都与情感智力紧密相连。

在过去的十多年里，心理学研究在情感智力领域获得了巨大进展。迄今为止，这方面的研究大多集中在教育（以情感智力教育帮助儿童学习）、个性（把情感智力与其他智力类型区分开来）以及商业（高业绩经理和团队的特征）等领域里。

情感智力比认知能力更重要

被他人当做一个"头脑清醒"的人来举例是对我们的一种赞美，这也意味着我们已具备了自我觉察的能力。同样，如果你被认为擅长交际，那么有理由相信你已拥有了发展良好的社会关系的技能。最后，如果有人形容你"早起的鸟儿有虫吃"，或者说你这个人"绝不会让草在你脚下生长"，那么很有可能他们是在表扬你的动机。

有近 300 家不同行业的公司资助了一项研究。这项研究的结果显示，在许许多多的工作中，要想做出优异的成绩，情感能力比认知能力更加重要。对推销员来讲，工作业绩佼佼者最重要的能力都产生于情感智商。就科学家和专业技术人员而言，分析思考能力的重要性排在第三位，次于感召力和成就动机。这就说明：仅有才华，并不足以使科学家冠绝英豪，除非他还善于影响、说服他人，还有全力以赴争取实现艰巨任务和目标的内控能力。一个懒散或不愿与他人交流的天才，脑子里可能已有了答案，但如果没人知道，或没人关心，那也无济于事。

就拿技术尖子来说吧。这些人通常的头衔是"公司咨询工程师"——高技术公司总是保留一些解决难题的顶尖高手，一旦工程项目出现麻烦，可随时调遣他们。他们在公司里备受重视，企业的年度报告都将他们归入公司管理层。是什么使这些技术尖子如此特殊呢？波士顿银行的咨询顾问苏珊·埃利斯说："在这些公司工作的每个人几乎都是聪明绝顶的，使这些技术尖子与众不同的不是智力，而是情感能力，是他们善于倾听别人的意见、善于合作并能调动人们的积极性，振臂一呼，应者云集，能领导大家齐心协力工作的能力。"

当然，尽管很多人的情感能力并不完美，仍跻身栋梁之列，这也是长期以来各公司的现实状况。但是，随着工作更加复杂、更需要合作精神，那些团队精神更强的公司就会在激烈的竞争中独占鳌头。

在未来的工作中，更强调灵活性、团队精神及准确的顾客定向，因此，无论做哪一种工作，无论在世界何地，要想在工作中做出优秀的成绩，这些关键的情感能力都越来越重要。

具体地说，情感智力方面的主要技能包括：

1.自我意识

拥有它，你就能理解自己的情感，并在它们发生时，认识到这一点。你的情绪反应把你引导进不同的情景中，当你充分认识到自己的局限性时，就能最大限度地发挥出自己的能量。

2.自信

自信建立在对自己的局限性的现实认知的基础上。自信的人知道：什么时候应该信任自己的决定，以及什么时候应该顺从他人的意见和观点；为了发挥出自己的最大能量，自信的人敢于持续地去面对新的挑战，因为这些挑战可以不断拓展个人的潜力。

3.自我调节

这种能力能够促使你始终把注意的焦点集中在自己的目标上，在目标完全实现以前，不会因进步过于细微而裹足不前；它还能使你迅速地从挫折中恢复过来，重新看清自己的终极目标。为了更好地实现目标，必须排除破坏性情绪的回应。你将通过持续地与自己最重要的渴望保持联系，而不断地激励自己。

4.激励

这种能力能够促使你去关注他人的需要、偏好、价值观、目标和个人实力，并以此激励他们。

5.移情作用

具有移情作用，你就能与他人的需要、价值观、希望及观点相契合，你可以通过积极地把自己置身于对方的位置上而感知对方的感情和思维。

6.社交敏感性

快速而又良好地解读当下的情景，无论是口语的还是非口语的，它能够让你了解和适应与你有良好的人际关系的人的意图。你在团体交往活动中的敏感性，使你能够确认团体中谁是最有势力的人，并与他人的文化类型保持一致。

7.说服力

拥有良好情感智力的人擅长于解读他人的意图和希望，并创造出双方都满意的结果。他们具有不断开发双赢思维的习惯，努力寻求使个人目标与他人目标保持协调的途径。

8.冲突管理

具有这种能力，你就能够在冲突发生以前预防它，并把注意的焦点转移到更富有成效的行动过程上。如果冲突不断升级，你可以通过聚焦冲突双方的意图来解决它，因为冲突双方都是出于关心自己最大利益的意图。

研究表明，仅看智商，基本不能说明人们在工作中能否有所成就或生活是否幸福。如果说智商高低与人们事业成功与否有多大联系的话，智商高低所起的作用，最高估计也不过 25%。有一份较谨慎的分析报告认为，更准确的数字是不超过 10%，大概为 4%。

但是，在强调认知能力的学科中，也会有情感智商似乎影响不大的现象。出现这种矛盾，是因为这些学科的入门要求极高。进入专业技术领域工作的智商门槛通常为 110 到 120，跨过了高智商这个拦路虎，结果是进去的每个人都是佼佼者，在承担相对独立的专业技术工作中，情商也就无竞争可言了。

高智商不等于成功

生活中你有没有注意到，当我们看到一群孩子在追逐嬉戏时，往往会不自觉地观察并作出判断："这个孩子能说会道，眼明手快，透着一股灵气，看上去很聪明；那个孩子呆头呆脑，看上去木木的，有点笨。"我们平常所说的"聪明"或是"笨"，通常指的就是一个人的"智力"。

传统的眼光总是认为，智商代表着智力，如果一个孩子测试出来的智商高，父母就像吃了一颗定心丸："我们家孩子聪明着呢，将来肯定有出息！"反之，家长往往愁眉不展，对其孩子的未来忧心忡忡。那么，智商等同于一个人的聪明程度吗？智商高的人必定能够取得成功吗？答案是未必。

有位学生学习成绩不佳，老是"开红灯"。于是家长带他去做智力测试，结论是智商偏低。

但是人们发现，这个孩子除了学习成绩不够理想之外，其他方面并不见得有多笨，某些方面甚至还有些"小聪明"，经过医生的专业评定，原来这个孩子患有轻微的多动症。

除了上课之外，这个孩子在动手方面的能力特别强，他在学校组织的各种课外兴趣班上，经常创作出一些"小发明"，有些竟然连老师也表示赞叹。离开了学校之后，他在设计领域取得了不俗的成绩。

另外，王安石的《伤仲永》中讲述了这样一个故事：仲永曾是远近闻名的神童，长到 5 岁时，不曾见过书写工具，却突然哭着要这些东西。父亲对此感到惊异，从邻近人家借来给他，他当即写了四句诗，并且题上了自己的名字。

从此之后，但凡有人指定事物叫他写诗，仲永都能立刻完成。他不但才思敏捷，而且文采斐然，同县的人对此感到惊奇，甚至有人用钱财和礼物求仲永写诗。他的父亲认为那样有利可图，每天带着仲永四处拜访同县的人，或者一味地在人前显示他的才华，与此同时却忽视了对他的培养，仲永在长大之后才能完全消失，与普通人没什么两样。

仲永的高智商在少时便已显露无遗，结果却因为疏于培养，最终落得才能尽失，和常人无异，而貌似智商偏低的孩子却获得了成功，打破了长期以来人们以"智商"论成败的传统思维。

美国的心理学家就智商和成功的关系曾做过一项调研。他们对伊利诺伊州某中学几十位优秀毕业生进行过跟踪研究，这些学生的平均智商，即语言和逻辑分析能力是全校之冠，学习成绩也都非常优秀。但是，他们到近 30 岁时大都表现平平，中学毕业 10 年后，只有 1/4 的人在本行业中达到同年龄最高阶层，很多人的表现甚至远远不如同行。

曾参与此项研究的波士顿大学教授凯伦·阿诺针对这一调查结果指出："面对一位毕业致词代表，你唯一知道的就是他的考试成绩不错，而对一位高智商者，你所知道的也就是他在回答某些心理学家所编制的智力测验时成绩不错，但我们无法对他的未来成败作出准确的预测。"

的确，智商测验在一定程度上能够预测到孩子的学习成绩，但是，学业成绩能否作为未来成就的唯一杠杆呢？智商确实能够反映出人类的部分智力状况，但是它能否代表某个人的整个智力呢？

如果智商不能，那么什么才是影响一个人成功最有力量的筹码呢？心理学家根据长期的研究结果，提出了另一个词——情商。

智商诚可贵，情商"价"更高

一名儿童保健专家介绍说，曾有一位 10 多岁的男孩在妈妈的陪同下来医院咨询。这名男孩非常内向，在医生询问情况时总是低着头不说话。

从孩子的妈妈处了解到，孩子小时候还是挺活泼的，嘴也非常甜。为了提高孩子的智力，父母从小给他购买各类益智玩具，此外还帮他报名书法班、围棋班等。但令人百思不得其解的是，孩子的性格越来越内向，话越来越少，做什么事情都显得没有信心。

经过医生的询问了解，原来孩子的父母非常重视对男孩的"智商"培养，但在平时却并不注重和孩子的交流和沟通，对他性格的变化也不甚关注，医生得出的结论是：孩子的"情商"比较低。

丹尼尔·戈尔曼在《情绪智商》一书中，提到了一些情绪方面的问题：例如人们普遍感到孤单、忧郁、任性、焦虑、冲动，等等——这引起了大众的强烈共鸣。那么，究竟是什么原因导致了这种生活状态呢？人们虽然找到了诸多原因，但最根本的，还是要属情商。

情商的高低对一个人的身心发展有着重大影响。对其能否取得成功同样有着不可估量的作用，有时其作用甚至要超过智力水平。

每个人都希望自己获取成功，每个家长都希望自己的孩子成功，每个老师都希望自己的学生成功，每个领导都希望自己的部下成功。成功的路有千万条，成功的方法有千万个，但是看我们周围，真正成功的又有几个呢？

尤其是身处当今飞速发展社会的人们，快节奏的生活，高频率的工作负荷，越来越激烈的竞争，再加上纷繁复杂的人际关系甚至天灾人祸，人们的心理压力普遍很大。在这种情况之下，只有高智商的应付显然力不从心，如果不能及时地管理好自己的情绪，调整好与他人和社会的关系，最终败在自己手里的人决不在少数。

智商决定录用，情商决定提升

智力商数是指衡量智力测验者的成绩标准。智力到底指人类的什么能力，历来众说纷纭：思维能力、从经验中学习的能力、对新情境做出恰当反应的能力、抽象推理、认识关系和做出论断的能力等，都可以归为智商。一般意义上，人们往往将智商高低与其接受学历教育程度和职业技能水平相联系，如文凭、职业资格证书等。智商高的人除了要有广泛的专业技能，一定还是业务过硬、能力强、本事大的人。我国加入世贸组织后社会将更加需要计算机开发与应用、产品营销、管道工程、电子工程等方面的人才。没有过硬的技术才能或是只会纸上谈兵的人必然会被市场竞争淘汰。其中数字与计算能力并非是理工科才必备的，部门与部门之间的配合以及公司运作的衔接通畅都离不开数字与计算。了解并会维护各种系统，包括从计算机系统至产品销售甚至水管维修系统。新的职业结构对人才的素质提出了新的要求，未来顶尖职业需要怎样的能力结构呢？

第一，要有丰富的想象力与主动性。这是任何组织、企业公司职工都需要的技能。富于想象力，有利于收集并获得广泛、大量的信息与知识；想象力还可以开拓思维方法及观察的视野，换一句话说，想象力在某种程度上可以带动创造性和创新能力，依靠它能广泛地搜集信息和理解它们并将之用于引导公司走向未来，能使公司平稳地运作，以获得长期的高额利润，使公司从目前只能预测到下一步财政报告的窘境中解脱出来。美国曾经有一本畅销书《把信送给加西亚》，在这个"送信"的传奇故事中，那位名叫罗文的英雄接到麦金莱总统的任务——给加西亚将军送一封决定战争命运的信，他没有任何推诿，而是以其绝对的忠诚、责任感和创造奇迹的主动性完成了这件"不可能的任务"。他的事迹100多年来在全世界广为流传，激励着千千万万的人以主动性完成职责；《把信送给加西亚》一书在无数的公司、机关、系统都曾人手一册，以此期塑造自己团队的灵魂。

如今，"送信"已成为一种象征，成为人们忠于职守、履行承诺、敬业、忠诚、主动和荣誉的象征。这个故事传达的理念所产生的影响力之大是不可想象的，足以超越任何理论说教，它不局限于个人、企业、机关和一个国家，甚至于贯穿了人类文明。正如本书令人敬仰的作者阿尔伯特哈伯德所说："文明，就是充满渴望地寻找这种人才的一个漫长的过程。"故事的主人公罗文向我们表示：我决定了的事情就要做到！下定决心，做一个高标准的选择。可能事情会拖累我的，可能我在完成任务的过程中会深陷困境。有时候，我发现自己落入了沼泽地，我不得不匍匐前进，有时候处境都令人绝望。但是，只要我还能够往前迈出一步，我就不会放弃，绝不会屈服。逃避不是我的选择。我会在完成任务中，会在生活的各个方面追求完美。即使跌倒，我也会再爬起来，抖落尘土，继续努力，直到成功！

我们每个人应该扪心自问："我是能把信送给加西亚的人吗？如果我仅仅知道他在古巴的丛林中，我能够找到他吗？如果我不认识他，也不知他在哪里，我能把信送给他吗？"只要你明白，有志者事竟成，只要你用心追求目标，你就一定能成功。现在我们都善于寻找借口：为什么不能做期望我们做的事情？为什么不能把我们分内的工作做得更完美？诸如此类，人们有着各式各样的借口。我能把信送给加西亚吗？如果有人让我给加西亚送信，我想我能够做到。这并不是自大，这是自信。我只知道如果你交给我一封信并且说"把它送给加西亚"，我就一定会送到。同样，你也能够把信送给加西亚。做到最好！如果有人告诉你，你这一辈子都不会成功，千万不要相信它。对这样一些话，你都不要放在心上，因为只有你自己能够决定你的成功。选择在于你！选定目标，做出决策，然后采取行动，坚持下去，成功就不言而喻。成功是1%的灵感加99%的汗水。

第二，要有较强的组织能力。过去一向被认为是少数领导人士才要求具备的组织能力，现在却成为选择职员的重点。不仅仅是领导，即使是普通的职员，也要有较强的组织统筹能力。现在的工作已经系统化，比如说设置工作流程、制定市场营销方针、统一调拨财力物力、协调分配任务等都需要高标准的组织规划能力。人的能动性要得到充分发挥，而不局限于按部就班的传统模式。组织能力是十分重要的，许多部门需要在物资供应、工作程序以及贸易往来、财政机遇等诸多方面予以组织或重新组织。

第三，要有文理贯通能力。文理贯通要求职员学会利用个人天赋提高工作经验，各种知识的融合可以提高工作效率，文科的作用不仅仅是个人的文学艺术修养，更重要的是做人的修养。著名科学家钱学森以其亲身实践和深刻体会，提示了文化艺术修养对于科学创新的重要作用。人的宏观视野、形象思维、感情、想象和情怀这些"情商指数"，与艺术教育的熏陶是分不开的。艺术修养高的人，更具备对自身的感知力，对冲动和愤怒的控制力，在挫折和失败面前保持镇静，充满信心和希望的勇气，所有这些无疑都是科学研究、科学创新必备的素质。

第四，要有说服他人的能力。说服与交流能力即语言能力，懂得如何表达信息和思想，并能够听取信息与思想的人。公司间的交往要求职员能应付越来越多的人际关系并具有越来越高的游说能力。同时，在本来节奏快的工作环境中，内部的交流显得更加重要，尽管惜时如金，但没有交流就缺乏动力和发展的源泉。今天，一个有成效的工作人员应当善于向他人介绍自己所掌握的信息，说清楚自己的观念，使人能理解并支持某一特殊见解。

智商十分重要，情商亦必不可少。这些新的能力，其实就是情商的表现，成功的秘密在情商。戈尔曼在第二本书《工作情感智力》中，引用了大量数据。这些数据来自数百个大公司和政府部门，它们包括亚洲、欧洲和美洲。这些数据都证明了情商的重要性。他们的研究把人分为两组，一组是一般的工作者，一组是做出杰出业绩的人，然后进行比较。结果总结出杰出人士的一些胜任特征。最后发现，这些特征都与情感智力有关。数据表明，智商和技能，两者的作用加起来，还不如情商的作用大；而且位置越高，情商的作用越大。在高层领导中，情商的作用差不多达到85%。认识到这点以后，现在相当一部分美国公司，特别是那些跨国公司，聘任领导人时不仅仅是看他的 IQ，还要看他的 EQ，比如他的自制能力如何，他是否善于倾听，是否具备同感的能力。一般学校里不讲 EQ，但成功的秘密在 EQ。美国在这方面的态度已经转变很多。美国两家最好的商学院，哈佛大学商学院、斯坦福大学商学院的院长说，以前对考试的分数看得太重，现在要有所转变。

　　智商显示一个人做事的本领，"情商"反映一个人做人的表现。智商和技能相关，它能决定你可以做什么事，比如你能不能做记者、工程师、医生、律师等。这些职业都对智商和技能有比较高的要求，它决定你是否能处理复杂多样的信息，应对复杂的概念。但是所有进入这个领域的人，一般都有这个职业所需要的基本能力。这时，区别一个人能否成功，IQ 就不起作用了，而 EQ 则成为判断一个人能否成功的主要因素。所以说，在社会中，智商决定了我们的职业，在职业生涯中，情商决定了我们能否实现自己的人生目标。在今后的社会中，任何行业中，人人不仅要会做事，更要去做人。情商高的人，说话得体，办事得当，才思敏捷，"人见人爱"，取得成功的机会要大于情商低的人。

第三课 情商：
成功人士必备的卓越素质

　　哈佛大学在对世界各领域的杰出成功者进行调研后发现，这些成功者无一例外地都具有高情商的特质，能够运用情商妥善应对人生中的各种问题和困境，成功驾驭自己的命运之舵。而从哈佛大学毕业出来的活跃在各行业的社会精英，其个人素养和人生经历也同样印证了这一点。

　　要想成功，高智商是非常重要的。但是，除了高智商，还要具备高情商，即具备高情商的人所需要具备的特质。这些特质，无疑是成功人士所共有的特点、素质。

情商是人生成功的核心实力

　　大家都认为，在高新技术企业中，领导的智商很重要，但实际上，情商的重要性超过了智商。美国一家很有名的研究机构调查了 188 个公司，测试了每个公司的高级主管的智商和情商，并将每位主管的测试结果和该主管在工作上的表现联系在一起进行分析。结果发现，对领导者来说，情商的影响力是智商的 9 倍。智商略逊的人如果拥有更高的情商指数，也一样能成功。情商意味着：有足够的勇气面对可以克服的挑战、有足够的度量接受不可克服的挑战、有足够的智慧来分辨两者的不同。他十分认同"要建立由品德、知识、能力等要素构成的各类人才评价指标体系"。

　　2000 年，李开复在网上给中国大学生写了《我的人才观》及《给中国学生的一封信》。不久，两篇文章在互联网上和中国高校中广为流传。其中提到，坚守诚信和正直的原则、生活在群体之中、做一个主动的人、挑战自我、直截了当地沟通等做人的道理，看似浅显，却被不少大学生列为座右铭。关于情商，李开复更多地谈到要善于与人交流，富有自觉心和同理心。比如，自觉心就是中国人常说的"有自知之明"，对自己的素质、潜能、特长、缺陷、经验等有一个清醒的认识，对自己在社会工作生活中可能扮演的角色有一个明确的定位。而同理心，就是将心比心。

　　情商不是靠背书、考试能学到的。在中国传统考试模式的影响下，情商的培养受到了长期的忽视甚至忽略。应试心态造成了不少中国学生每天拼命地读书，把追求好成绩当作唯一人生目标，没时间交朋友，忽略了人际关系的培养。而中国学校的"名次"造成了一种"独自奋斗"心态。这样的教育模式可能逐渐把学生培养成为情商很低的人。怎样找到问题与差距呢？首先，评估自己情商的缺欠在哪儿。美国有的公司有一种360度意见调查，每个员工都要得到上司、下属、合作者等各方面的评估，最后得到的若干份评估应该是一个别人眼中真实的你。评估是匿名的，往往能获得真诚的意见。虽然在学校里没有类似的调查，但学生们仍然可以多听听老师、家长、同学的意见，挑选合适的目标来培养自己的情商。如果人际关系太差，可以定一个目标，每一个月交一个新朋友；如果自控能力不好或脾气太坏，可以请朋友在自己要发脾气时用约定的"密码"来提醒自己平静下来。在美国的中小学，老师常常会要求学生近期给自己划定一个进步的目标。如果学生是个害羞的孩子，家长就和老师商量把克服害羞定为学生进步的目标，要求她每天必须举手提问一次。一段时间以后，把举手提问改成一堂课一次，再后来，一堂课举几次手。最后上课举手提问已经成了习惯，她面对很多人说话不再觉得难为情。

　　在中国，情商的培养可能会遇到障碍。中美教育理念存在着很大差异，中国应该承认并吸收美国好的教育理念，基础教育是前提，大学教育是关键。在美国，学生拿回来的作业，几乎每次都是和两三个同学合作，做不好都挨批评，荣辱与共，孩子间有很强的合作意识。在中国，要是大家共同完成一份作业，老师会鼓励吗？家长如果要求老师不要把孩子的成绩排名贴在墙上，只说明学生大概的学习状况就行，老师能接受吗？如果学生提出，我想成为最好的我自己，而不是批量生产的没有个性的自己，家长和老师愿意吗？坦诚，与别人分享你的想法。可这些建议在中国这样的教育环境中却受到了挑战。"你让我们和别人分享自己的想法，可有的人在听了我的好主意后却堂而皇之地占为己有"。"我们老师说了，和别人分享就等于慷慨地让人占便宜。我们到底听谁的？"

并不是你显现出一定能力就不可一世了，这个世界没有绝对"完美"的人才！比尔·盖茨就是一个非常谦虚的人。很多年前，在 Windows 还不存在时，他去请一位软件高手加盟微软，那位高手一直不予理睬。最后禁不住比尔·盖茨的"死缠烂打"，同意见上一面，但一见面，他就劈头盖脸讥笑说："我从没见过比微软做得更烂的操作系统。"比尔·盖茨没有丝毫的恼怒，反而诚恳地说："正是因为我们做得不好，才请您加盟。"那位高手愣住了。盖茨的谦虚把高手拉进了微软的阵营，这位高手成为了 Windows 的负责人，终于开发出了世界最普遍的操作系统。

青年创业者应该读读《从优秀到卓越》这本书，该书提出，一个从优秀跨入卓越的公司都有一位"第五级领袖"。第五级领袖的特征是谦虚、勇敢、执著。他们不自我膨胀、不吹嘘自己、不霸占大权，而总是以公司为重，放权给能干的人。史蒂大·鲍尔默，微软的 CEO，几年前的鲍尔默就像个果断的老板，凡事喜欢一手抓，而且，总是在最前台鼓舞士气。做了 CEO 后，他放权给公司七大部门的负责人，不再做每件大事的最后决定人，而更支持 7 个部门负责人的成长。他不再做一个最有煽动力的拉拉队员，而是一个幕后的教练。他把自己对竞争对手的研究转换成对人才的研究。鲍尔默的行为对我们很有启发。微软亚洲研究院多通道用户界面组的负责人王坚博士，曾经是心理学系教授、博士生导师，摇身一变成了微软的主任研究员，他关于"数字笔"的研究让比尔·盖茨孩子般地欣喜若狂。众所周知，IT 企业必须让产品最大限度地人性化。今天不仅像王坚这样的心理学家加盟微软，从心理学的角度辅助产品进步，甚至，文学家、社会学家等人文领域的专家也在为微软服务。如果讨论一个技术要不要产品化，微软内部有个专门的部门来模拟会有哪些人、在什么场合用这个产品。小说家要根据社会学家做的市场调查，虚构几个场景让不同的主人公使用产品，甚至可能最后拍成图片或是电视片。研发部门的人可以看到一个模拟的未来产品走向，他或许能看到，一个家庭主妇实际上基本不可能用这个新产品；或是一个公司的经理很喜欢这个产品，但还有很多功能学起来很费劲，最后就放弃了。

　　"一个现代企业，需要更多的是复合型人才。"前微软领导李开复的导师罗杰·瑞迪是美国总统特别顾问委员会信息委员会的成员，也是"图灵奖"获得者。作为科学家，他并非全知全能，但他知道怎样去看待一个自己不懂的领域，知道怎样用一些最困难的问题去激励学生的热情和想象力。在计算机语音识别的研究过程中，李开复对导师主张的方法产生了怀疑，打算采用其他的方法试试。于是，一个世界级顶尖大师和他还没毕业的学生有了分歧。罗杰·瑞迪最后说："我不同意你的看法，但我可以支持你。"正是导师的这个态度，影响了李开复终身。李开复按自己的路子走了下去，罗杰·瑞迪一如既往地给他提供最好的机器和最新的资料。李开复的研究终于有了重大突破，语音系统的识别率从原来的40%提高到80%，罗杰·瑞迪也兴奋地说，你该去国际会议上发表论文。李开复的成果引起了轰动，直到今天，全世界所有语音识别的研究都是在他开拓性工作的基础上进行的。

　　人们通常容易忽视一个重要的事情，即不愿意检查自己存在的问题，而习惯抱怨他人。不要对别人太挑剔，要使事业成功，需要高姿态，高境界，学会原谅和宽容，用希望别人对自己的方式去对待别人。严格自律是成功者的特征。一个人的成就永远不会超过他的思想格局！新世纪的竞争，实质上是素质的竞争，共同课题就是提高素质、提高情商。

情商与成功之间的比例关系

运用"情商"原理透视成功的话题实在太多，例如现代成功企业家的风险意识、创新意识、统御意识等早已被人们归纳概括的几条秘诀无一不与"情商"直接关联。现实生活中高情商的人才（智商有可能并不高）取得辉煌业绩的故事同样不胜枚举。在美国工商界，"智商使人得以录用，情商使人得以晋升"的用人准则已经深入人心，"情商"的重要性都应当超过智商。美国有一个企业，它有专门调查、咨询、研究的机构，他们组织调查了188个公司，对每个公司的高级主管进行了智商与情商的测试，想了解他们的智商、情商和他们的工作之间有什么关系，这一调查的结果十分令人惊讶，情商的影响力是智商影响力的9倍！智商低一点的人，如果拥有更高的情商指数，完全可以获得成功。再加上我们未来的社会是高速发展的社会，人们遇到的是快节奏的生活，高频率的工作负荷，再加上复杂的人际关系，再加上越来越激烈的竞争，人们普遍感到心理压力很大，再加上天灾人祸，还有纷繁复杂的社会，只有高智商，应付起来显然力不从心，还必须有高情商才能够适应这样的社会，应对自如，才能自我管理、自我调节。

乐观测试

20世纪70年代中期，美国某保险公司曾雇佣了5 000名推销员，并对他们进行了职业培训，每名推销员的培训费用高达3万美元。谁知雇佣后的第一年，就有一半人辞职，4年后这批人只剩下不到1/5，原因是，在推销保险的过程中，推销员要一次又一次地面对被拒之门外的窘境，许多人在遭受多次拒绝后，便失去了继续从事这项工作的耐心和勇气。那些善于将每一次拒绝都当做挑战而不是挫折的人，是否更有可能成为成功的推销员呢？于是，该公司向宾夕法尼亚大学心理学教授马丁·塞里格曼讨教，希望他能为公司的招聘工作提供一些理论上的帮助。塞里格曼教授是以提出"成功中乐观情绪的重要性"理论而闻名的，他认为，当乐观主义者失败时，他们会将失败归结于某些他们可以改变的事情，而不是某些固定的、他们无法克服的困难，因此，他们会努力去改变现状，争取成功。接受该保险公司的邀请之后，塞里格曼对15 000名新员工进行了两次测试，一次是该公司常规的以智商测验为主的甄别测试，另一次是塞里格曼自己设计的，用于测试被测者乐观程度。之后，塞里格曼对这些新员工进行了跟踪研究。在这些新员工当中，有一组人没有通过甄别测试，但在乐观测试中，他们却取得"超级乐观主义者"的成绩。跟踪研究的结果表明，这一组人在所有人中工作任务完成得最好。第一年，他们的推销业绩比"一般悲观主义者"高出21%，第二年高出57%。从此，通过塞里格曼的"乐观测试"便成了该公司录用推销员的一道必不可少的程序。

塞里格曼的"乐观测试"实际上就是"情商"测验的一个雏形。它在保险公司中取得的成功在一定程度上直接证明与情绪有关的个人素质，在预测一类人能否成功中起着重要作用，也为"情感智商"这一概念和理论的诞生提供了实践上的有力支持。

在这些实验的基础上，美国耶鲁大学心理学家彼得·塞拉维和新罕布尔大学的约翰·梅耶于1990年首次提出了"情感智商"这一概念。情感智商指的是把握自己和他人的感觉和情绪，并对这些信息加以区分利用，来引导一个人的思维和行动能力。情商的作用不是单独体现的，情商的高低决定一个人其他能力（包括智力）能否在原有的基础上发挥到极致，从而决定一个人能有多大的成就。"情感智商"这一概念的提出，立刻在心理学界引起了广泛的重视，并开始受到一些教育界、企业界人士的注意。不少学校、企业管理人员尝试着把它运用到实际工作中。最初西方国家比较流行这个概念，20世纪90年代传入我国之后，立刻引起人们的关注：

在为航天业培养后备力量的北京航空航天大学，每年被录取的新生在上学期结束后，将选拔1%的尖子生进行特殊培养，人数为35名，进入高等工程学院。该班的学生单独编班并集中住宿，直至本科毕业。学生一进入该班，学校将为这些尖子生单独配导师，导师包括院士、长江学者、资深博导。选拔出来的尖子生从低年级起就能进入导师的科研队伍和实验室从事科研创新活动。

在高等工程学院学习期限为两年，两年后，根据学生本硕连读和本博连读的志向，由导师来安排后续课程和课题的选择。高分的考生并不一定就能被高等工程学院录取。在选拔进入该班的学生时，除了参考分数、进行单科考试外，还要考查非智力因素、心理测试和情商也是考核的内容之一。通过这种测试可考查学生是否有发展的潜力，高素质的人才，团结协作的能力很重要。可见，对高级人才的培养与训练都已经参照了"情感智力"的因素。

不妨回头再看一看阿甘，虽然他智商低于正常值20多分，但可以肯定的是，他的"情商"比别人的情商高出许多。阿甘遭受挫折和失恋后总是自言自语："妈妈告诉我，人生……"然后很快就能振作起来重新迎接生活，这就是情绪控制的力量。回想一下捕虾公司的成功，面对一次次捕捞上来的废弃杂物，面对惊涛骇浪、暴风骤雨，阿甘没有丝毫的泄气，也许你会说他傻得不知道什么叫做"成功"，可以说他傻得不知道这叫"失败"，如果那样的话，讨论成功也就没有意义。关键在于阿甘把困难当做巧克力中较苦的味道，他相信会有甜的部分等着他。我们不知道未来会怎样，于是只有专心做好现在的自己。尤为令人感动的是阿甘的精神感染了心情颓废的上尉，使他昂起头体味美好生活。这种"移情能力"恰恰是情绪智力上的高妙境界。

至于"情商的提高"应该说这是一个长期培养的过程而难以一蹴而就。心理学家、管理专家已经初步设计了提高情商的训练方法，但至关重要的是每一位青年从现在就开始注重对自身情绪的了解和控制，保持乐观开朗的心态，学习与人融洽共处的技能。

新泽西州聪明工程师贝尔实验室的一位负责人，曾经用情感智商的有关理论，对他的职员进行分析。结果他发现，那些工作绩效好的员工，的确不都是具有最高智商的人，而是那些情绪传递得到回应的人。这表明，与社会交往能力差、性格孤僻的高智商者相比，那些能够敏锐了解他人情绪、善于控制自己情绪的人，更可能得到为达到自己目标所需要的工作，也更可能取得成功。另外一个例子是，美国创造性领导研究中心的坎普尔及其同事，在研究"昙花一现的主管人员"时发现，这些人之所以失败，并不是因为他们技术上的无能，而是因为情绪能力差，导致人际关系方面陷入困境而最终失败的。正是因为在企业界的成功应用，情感智商声名大振，并开始引起新闻媒介的浓厚兴趣。情商为人们开辟了一条事业成功的新途径，它使人们摆脱了过去只讲智商所造成的无可奈何的宿命论态度。因为智商的后天可塑性是极小的，而情商的后天可塑性是很高的，个人完全可以通过自身的努力成为一个情商高手，到达成功的彼岸。智力不是成功的唯一因素，有着聪明过人的大脑绝对是一件值得高兴的事情，因为智力确实在成功的过程中起着不可替代的作用。然而，许多智商高的人却仍然在生活的底层苦苦跋涉，这又是为何呢？那是因为他们没有意识到"情商"

在一个人成功路上的重要性。下面讲述一个平凡人的故事：

乐观的莫奈

10年前的莫奈，就是千千万万普通人当中的一个。那时，莫奈还只是一个汽车修理工，当时的处境离他的理想差得很远。一次，他在报纸上看到一则招聘广告，休斯敦一家飞机制造公司正向全国广纳贤才。他决定前去一试，希望幸运会降临到自己的头上。当他到达休斯敦时已是晚上，面试就在第二天进行。吃过晚饭，莫奈独自坐在旅馆的房间中陷入了沉思。他想了很多，自己多年的经历历历在目，一种莫名的惆怅涌上心头：我并不是一个低智商的人，为什么我老是这么没有出息？他取出纸笔，记下几位认识多年的朋友的名字，其中两位曾是他以前的邻居，他们已经搬到高级住宅区去了。另外两位是他以前的同学，他扪心自问，和这四个人比，除了工作比他们差以外，自己似乎没有什么地方不如他们。论聪明才智，他们实在不比自己强。最后，他发现，和这些人相比，自己分明缺乏一个特别的成功条件，那就是性格情绪经常对自己产生不良影响。城市里的钟声已敲了三下，已是凌晨3点钟。但是，莫奈的思绪却出奇清楚。他第一次看清了自己的缺点，发现了自己过去很多时候不能控制的情绪，比如爱冲动、遇事从不冷静，甚至有些自卑，不能与更多的人交流等。整个晚上他就坐在那儿检讨，他发现了许多的问题，而且是很严重的问题：自己从懂事以来，就是一个缺乏自信、妄自菲薄、不思进取、得过且过的人。他总认为自己无法成功，却从不想办法去改变性格上的弱点。同时他发现，自己一直在自贬身价，从过去所做的每一件事就可以看出，自己几乎成了失落、忧虑而又无奈的代名词。于是，莫奈痛定思痛，做出了一个令自己都很吃惊的决定：从今往后，决不允许自己再有不如别人的想法，一定要控制自己的情绪，全面改善自己的性格，塑造一个全新的自我。

第二天早晨，莫奈一身轻松，像换了一个人似的，怀着新增的自信前去面试，很快，他被顺利地录用了。莫奈心里很清楚，他之所以能得到这份工作，就是因为自己的醒悟，因为对自己有了一份坚定的自信。两年后，莫奈在所属的组织和行业内建立起了名声，人人都知道，他是一个乐观、机智、主动、关心别人的人。在公司里，他不断得到升迁，成为公司所倚重的人物。即使在经济不景气时期，他仍是同业中少数可以做到生意的人。几年后，公司重组，分给了莫奈可观的股份。

这就是转变的力量，成功的因素很复杂，智商、情商，一个都不能少。

成功人士的"七种武器"

成功者必定是高情商的人。高情商的成功人士，有着不同于常人的素养和技能，他们都具有以下"七种武器"。

1.长生剑：志当存高远

武器特色：轻灵飘逸，重在口诀招式，轻内功心法，习者能在短期内速成，但根基浅薄缺力道，不宜长久，切记剑有双刃，伤人也能伤己。该兵器锋利无比，削铁如泥，吹毛断发。持此种武器者，资质平庸也能行走江湖，所到之处必定有一场腥风血雨，这种武器就是长生剑，该剑招式犀利，直指对手要害。剑招式犀利，可欠缺耐力者不宜长时间使用。

剑有双刃，善舞者杀敌，不善者伤己。自信是一把双刃剑，一面为自己的成功树立信心，但是如果没有把握好的话，那就成为负担，自信变成了自负。但是，无论怎样，要想成功，自信心是必不可少的，自信表现在哪里？首要的就是有远大的志向。有志向是前提，但毅力耐力是保证，正所谓："有志者立长志，无志者常立志。"

目标决定了你成功的高度，有什么样的目标，就有什么样的人生。你今天站在哪个位置并不重要，你下一步迈向哪里很关键。我们不能延长生命的长度，但可以增加生命的宽度。社会结构是一种金字塔状结构，大量的人处在金字塔的底部，只有一小部分人处在金字塔的顶部。处在底层的人们每天仅够糊口。而处在顶尖的人则是蒸蒸日上，繁荣兴旺。每一个城市每一个公司，都是大多数人在底层，少数人在顶部，而处在顶部的人都是从底层逐渐上升的。重要的并不在于你现在的地位是多么卑微，或者从事的工作是多么的微不足道，只要你强烈地渴望攀登成功的巅峰并愿意为此付出艰辛的努力，那么总有一天你会喜笑颜开，如愿以偿。如果冠军总是选择顺其自然的话，那么他就不可能赢得奥林匹克竞赛，他必须是超越已有的纪录才能把金牌拿在手上。回溯历史，我们不难发现，每一个伟大的建树、每一项杰出的成就都是由那些志向高远的人所创造的，不论是像爱迪生、福特、贝尔、莱特兄弟这样的发明家，还是像马丁·路德·金以及从囚徒成为南非总统的纳尔逊·曼德拉这样的社会改革家。他们拒绝接受中庸之道，他们追求卓越，所以他们功成名就，这就是精华法则：最优秀的将会上升到金字塔的顶部。

2.孔雀翎：置之死地而后生的危机

武器特色：出神入化，神出鬼没，无影无踪，出时眩目，没时夺命；习者手法精妙，重视速度，无法闪避，一击致命，见血封喉，但是切忌盲目出手，一旦失手，自身难保。孔雀翎采用云南金丝冠孔雀最长的一根羽毛制成，这根羽毛坚硬无比，不过要制成孔雀翎至少还要两道工序——上金针，浸药水。金针速度快而且尖利无比，药水一般都是孔雀胆，是剧毒之物。孔雀翎完成之后还需要放置阴暗之处七天七夜，然后剧毒扩散到翎上的每个地方。

为什么把破釜沉舟，背水一战，置之死地而后生的精神比作孔雀翎这种奇毒之物呢？因为冒险精神是有巨大威力的，但是，其风险之巨也十分令人担忧。因此，在制定目标时，要从环境的变化和自身的实际情况出发，制定切实可行的目标，将风险减小到最低限度。

3.碧玉刀：万事以"诚"当先

武器特色：刚猛霸道，气势浑厚，练气不练招，招式平淡无奇，后劲绵延不绝。习者轻细节，重长期心法修为，须心气平和，切记勿焦勿躁，无形方能胜有形。但它在兵器谱上的排名却很靠后，其缘由不在于刀，而在于刀未逢其主，善使用的人千年难遇，难就难在修炼的过程漫长，稍有不甚便走火入魔。对于个人信誉的建立，就好比屠龙刀，修炼的过程漫长，而一旦形成就价值连城。

在现代社会，诚信的价值一点也没有贬值。UPS是美国一家享有盛誉的速递公司，它们的业务在全球闻名。它们承诺准时准点将物品送达。在广告里，这家公司是这样说的，为了准时送达，我们要利用任何交通工具：飞机、轮船甚至小货车。我们对顾客的承诺"一秒也不能差"！许多人亲眼见证过一次他们如何实践这个承诺。有个人的朋友送了她一个生日礼物，是用UPS公司传递的。在距离约定时间还有7分钟的时候，工作人员满脸焦急地从一辆计程车里抱着物品跑了过来。在签单子的时候，客户问起他打车的钱公司给不给报销。他摇摇头。"那你岂不是很不值？我收到的这份礼品大概还不够你打车的钱。"小伙子擦擦头上的汗："我们公司是一家极其讲信用的公司，信用是一切的基础。我们必须按照规定来服务。无论遇到多大的困难，我们必须保证准时准点到达。这是我们对顾客的承诺。一秒也不能差。"这话让人相当感动，再看公司的广告时，突然感到了一种别人对自己的尊重。那种尊重是一种承诺，是一种信用。这是一个人，一个企业生存的根本所在。

4.多情环：激情洋溢地工作着

武器特色：情者利器也，杀人于无形。武器无情，环却有情，能以柔克刚，能以情制胜，习者多以亲情、友情、爱情辅之，切记勿虚情矫情。

兵器历来是伤人杀人用的，是绝对的冷酷无情。但这种武器——多情环，却是有情在其中，使用这种武器的人，必须将身心浸于其中，否则必将伤己。但凡把一种兵器变得有人情味，必然这个用兵器的人是性情中人。市场竞争是残酷的，所有的招数都想置敌于死地，但唯有一个环节是充满感情的，那就是对职业的激情。

有热情，就是要在行动中很有激情！热情是世界上最有价值的一种感情，也是最具感染力的。自己充满了热情，你谈话的对象才容易变得充满激情，即使你表达得不太顺利，他也可以理解。如果没有热情，你所说的话简直就像过了一年的晚餐上的死火鸡，毫无生气和新鲜感。激情不仅仅是外在的表现，当你获得了激情它会占据你的内心。你在家中静坐，产生一个新想法，完善、成熟，最后你被热情点燃，没有什么可以阻止你。激情有助于你克服恐惧，有助于你事业上的成功，赚更多的钱，享受更健康、更富裕、更快乐的生活。充满激情地投入工作吧，现在就开始。对自己说这一切我都能做。要让自己充满激情，表现激情。以充满激情的状态生活 30 天，结果会让你意想不到，那将使你沉闷的生活变得活跃起来。"那些敢于去尝试的人一定是聪明人。他们不会输，因为他们即使不成功，也能从中学到教训。

所以，只有那些不敢尝试的人，才是绝对的失败者。"

5.离别钩：有韧性的战斗精神

武器特色：钩无刃，钩无力，钩无巧，然钩伤人皮肉，入其筋骨，致敌面目全非，伤其筋，动其骨；习者须耳聪目明，善观敌之破绽，切忌盲目出手，被后发而制。在我们成功的道路上，不能沉溺于一时的失利，陷于悲伤不能自拔。在沉默中把握自己最好的机会，以图东山再起。

我们的人生充满了不可预料的悲伤。你曾经诚恳地努力过，但是，很可惜，你仍然失败了。也许你的失败，是因为你要获得成功还需要更多的东西。欧几里得的原理："整体的东西等于所有部分的总和，而大于任何一部分。"这个原理可用来说明我们的问题。重要的是：你该把所有必要的部分加到整体上去。当你用积极的心态寻找成功时，你就会不断地努力。你会不断地寻求，以寻求更多的东西。有些人一遇到挫折，就停止寻找更多的东西，终于失望。你碰到了一个难题？那很好！没什么！因为你解决了一个个的难题，就是取得了一个个的胜利，你就增长了一些智慧。有时候，多走些路是绝对必要的。因此，你每碰到一个难题，就要用积极的心态去抓住它，解决它，从而使你成为更善良、更大度、更有办法、更成功的人。

6.霸王枪：该出手时就出手

武器特色：招式精妙，变幻无常，以"精、准、快"三字诀制敌，习者不必拘泥于形式，在于创新，常变常新，出乎所想。切记一寸短一寸险，不宜用强，见好即收。计划不可过高，但是也不可过低。你的人生由你自己来掌握，要想自己的人生精彩，有意义，必须要用一种积极主动的心态来经营自己的人生，出手要如出枪："精、准、快"。

1953年，美国耶鲁大学对即将毕业的大四学生做了一项调查，调查发现，所有即将毕业的学生当中，只有3%的人对于他们想达到的人生目标有非常清楚的计划并且将它们写了下来，这些要达成目标的步骤包括他们为什么要达成这样的目标，他们要达成这个目标可能会碰到的障碍，需要与哪些人、哪些团体与组织合作，以及达成这个目标所需具备的知识、行动计划及达成日期。27 年后，耶鲁大学又做了一次调查，发现这 3%于 1953 年毕业的学生，他们的成就远远超过其余97%的人。

我们虽有很多弱点，但我们不是弱者。不要由于没有成功就责备这个世界不够完美，这是可笑与可鄙的。你要像所有成功者那样发展自己火热的谋求成功的愿望。怎样发展？把你的心放在所想要的东西上，使你的心远离你所不想要的东西；不要拒绝所有的励志书籍和他人的帮助和指引，更不要拒绝自己内心的冲动。

7.拳头：人才的力量

武器特色：简单、直接、有效，用拳者内力雄厚，基础牢固。切记：拳者，险也！拳是最原始的武器，或者说根本称不上武器，但在拳法上修为深厚的高手，能够用双手搏击所有的兵器。拳在于练拳的人有足够的信心，所以就简单直接有效。

技多不压身，拥有自有专利技术，靠拥有专利技术发达的人可以成功。例如中宜环能（CECO）董事长吴桐。吴桐在北京创办中宜环能环保技术有限公司。吴擅长发明，名下拥有多项专利技术，仅其"城市垃圾处理综合集成系统"一项专利，据估计无形资产就达12.5 亿元；一家美国名牌杂志估计，吴的专利加起来，价值超过100 亿美元。在进京创办中宜环能环保技术有限公司之前，吴曾在深圳创业，获利数千万，因遭欺诈，资产荡尽。2001 年 3 月，吴携2 000 元进京二次创业，3 个月后，仅向韩国某著名企业出售"城市垃圾分类焚烧技术"15 年使用权，获利即超过 2 000 万美元。用友软件公司的王文京也是靠技术起家的一类。这类创业者除了自家

受益一生的哈佛情商课

技术外，在创业过程中还更多地借助了外部力量，特别是政府力量，所以有时也会给人因人成事的味道。第三类是以王志东、张朝阳、丁磊等为代表的一类，是属于被时代潮流硬推上富豪坐席的一类。这类富豪被称为"知识英雄"、"知本家"，但实际上除王志东曾开发过一个中文平台软件，丁磊曾开发过一个简单的163电子邮件系统以外，其他人并未见得有多少技术可言。而王志东和丁磊的第一桶金，都是从各自所开发软件中获得，数目达数十万元和百万元不等。一般而言，这类"英雄"因为缺乏基础，起得快，下得也快，正所谓"喜看稻菽千重浪，遍地英雄下夕烟"。

高情商的人魅力无穷

毕业于哈佛大学，美国颇负盛名的总统罗斯福，在他小时候是一个脆弱胆小的男孩，脸上总是露出惊恐的表情，背诵时双腿发抖，嘴唇颤动，回答含糊不连贯。

然而他的这些缺陷并没有使他自暴自弃，反而促使他更加努力地去奋斗，改善自我，提升自我。他的积极情商促成了他的奋斗精神，终于使他成为美国历史上杰出的总统。

钢铁大王安德鲁·卡内基从一个贫苦少年变成美国大富翁，凭借的也是他积极的情绪和涵养："如果一个人不能在他的工作中找出点罗曼蒂克来，这不能怪罪于工作本身，而只能归罪于做这项工作的人。"

还有我国的周恩来总理，同样是一个高情商者。在国际交往中，他用他高超的外交艺术，用他的高情商，为我们打开了国际局面。

在一次国际交往中，有人对周总理发起挑衅，问道：总理先生，听说在你们中国有很多马路，我要请教一下，中国的马路是不是马走的路啊？

周总理听闻此言并没有发怒，而是非常礼貌地回答：我们中国确实有很多马路，因为我们走的是马克思主义之路！如此机智而巧妙的回答，闪烁着周恩来的智慧之光。他的回答既明确地表明了我国的立场，同时也没有直接伤害到他人，但是也在其中含蓄地反驳了对方。

情商的高低表明了人们所站立的起点不同，高情商的人所站的位置相对更高。因此他们可以看得更远，更广。因为高情商，罗斯福没有只看到眼前的不幸而忘却了不懈的努力；因为高情商，卡内基在枯燥的工作中努力寻找乐趣；也因为高情商，周恩来总理在他的外交中不逞一时的口舌之利而是理智地有弹性地应对外来的言语攻击。

情绪决定了人的心理状态。良好的状态才有良好的欲望，才能将一个人内在的其他能力发挥到极致，其中当然也包括智力。

《情绪智商》的作者戈尔曼教授花费多年，对全球 500 家企业、政府机构和非营利性组织进行了研究分析，除了发现成功者往往具备应当具备的工作能力以外，杰出的成就和卓著的表现与情绪智能往往有着不可分离的密切关系。而企业的优秀领导人在一系列的情绪智能，如影响力、团队领导、自信和成功动机等方面，都有非常优秀的表现。情商影响着人的一生，它在一个人的命运中具有决定性的作用，在人生各个领域中也就更占据着重要的地位。

一位成功者可能不是聪明绝顶的天才，却必定是那些能调动自己情绪的高情商者。

情商赋予成功更多的要求

一位勇敢的自我挑战者查德威尔，是一个成功横渡英吉利海峡的女性，但她并不满足，决定超越自己，她想从卡塔林那岛游到加利福利亚。不久她便开始了自己的计划，我们可以猜到，旅程是十分的艰苦的，刺骨的海水冻得查德威尔嘴唇发紫；连续 16 小时的游泳使她的四肢像有千斤一样的沉重。最后，查德威尔感到自己快不行了，可目的地还不知有多远，连海岸都看不到。越想越没有希望，越没有希望越感到累，她感到自己一丝劲儿也用不上了，于是对陪伴她的艇上的人说道："我放弃了，快拉我上去吧。""不要这样，只有一公里就到了，坚持！""我不信，如果只有一公里，我怎么看不到海岸线，快拉我上去。"查德威尔最终被小艇上的人拉了上去。小艇飞快地向前开去，不到 1 分钟，加利福亚的海岸出现在眼前——因为大雾，它在半公里范围内才能被人看见。查德威尔自己也后悔莫及：为什么不相信别人的话，再坚持一下呢？

其实成功与失败的差距往往仅一步之遥，前面大部分的困难已使人筋疲力尽，这时即使一个微小的障碍也可能导致前功尽弃，只有咬紧牙关坚持一下，胜利便近在眼前。由此我又想到曾宣布自己发明了电话的雷斯，他确实做得很好，与贝尔的差别仅在于他没有将螺钉转动 1/4，使间隔电流转为等幅电流。但就因为这一点，法院将电话的专利权判给了贝尔。就在胜利唾手可得的情况下，他也少坚持了那么一点点。在我们的生活中，工作上，有多少这样的例子呢？你也许抱怨自己不得志，生不逢时，有许多时候是因为自己的为人处世方法不对，或者因为自己的意志力不坚强，成功的因素很多，往往最小的一步最难跨出。能不能坚持，自己的毅力很重要，毅力和自己的"情商"也是有一定关系的。

1.竞争社会里要有健康的心理状态

曾有人做过实验，将一只最凶猛的鲨鱼和一群热带鱼放在同一个池子，然后用强化玻璃隔开。最初，鲨鱼每天不断冲撞那块看不到的玻璃，奈何这只是徒劳，它始终不能过到对面去，而实验人员每天都放一些鲫鱼在池子里，所以鲨鱼也没缺少猎物，只是它仍想到对面去，想尝试那美丽的滋味，每天仍是不断的冲撞那块玻璃，它试了每个角落，每次都是用尽全力，但每次也总是弄得伤痕累累，有好几次都浑身破裂出血。持续了好一些日子，每当玻璃一出现裂痕，实验人员马上加上一块更厚的玻璃。后来，鲨鱼不再冲撞那块玻璃了，对那些斑斓的热带鱼也不再在意，好像它们只是墙上会动的壁画，它开始等着每天固定会出现的鲫鱼，然后用它敏捷的本能进行狩猎，好像回到海中不可一世的凶狠霸气，但这一切只不过是假象罢了。实验到了最后的阶段，实验人员将玻璃取走，但鲨鱼却没有反应，每天仍是在固定的区域游着，它不但对那些热带鱼视若无睹，甚至于当那些鲫鱼逃到热带鱼那边去，它就立刻放弃追逐，说什么也不愿再过去。

实验结束了，实验人员讥笑它是海里最懦弱的鱼。可是失败过的人都知道为什么，因为它怕痛。就是世界上最强悍的动物，在经历一次一次的失败之后也会感到挫败的痛，有放弃的充分理由。心理上的伤痛最难治疗，我们一定要保持自己最好的心理状态，无论什么样的打击下，一定要告诉自己，坚持自己的理想与目标，困难痛苦都是暂时的。生活中，人们常常会遭受失败，但是重要的是面对失败时候的心态问题。失败有原因，有的人遇到困难，只是挑选最容易的倒退之路，心中想的是："我们不行了，还是退缩了吧。"结果自然难免陷入无边的失败的深渊。现代社会里，我们的压力都很大，我们怕失败，我们经不起太多的打击，我们心理上的伤害往往终生难忘。但是，这也阻止了我们成功，心态在我们的成功道路上起到不可忽视的影响。我们常说：身体是革命的本钱。现在，健康的身体已经不再是唯一的要求，健康的要求不但指的是身体机能的正常运转，更重要的是心理上的健康：乐观向上，积极进取。

2.迷宫社会里要学会找自己的奶酪

相信大家都知道一本世界畅销的哲理书《谁动了我的奶酪》，它给我们讲述了一个富有哲理、同时简单易懂的道理："变是唯一的不变"。这一生活的真谛，或许每一个人看了之后的感受都不一样，但千万不要说这个道理我懂了，如果那样，就说明你依然惧怕改变自己。

如今的世界瞬息万变，这的确是一个迷宫的时代。信息社会里，我们不知道下一步是怎样的境遇，我们只能不停地努力。当我们又有了一些成就的时候，尤其要有这样的意识：这是一个迷宫的时代，说不定那一天，我们所有的一切都会从眼前消失。有些读者读完故事本身后就停下来，不再继续阅读关于这个故事的讨论。另外一些人则更乐于后面的"讨论"，因为他们认为从中可以受到启发，可以思考如何将从故事中学到的东西运用到他们的实际生活中去。无论怎样，我们都真诚地希望各位在每次阅读这个故事的时候，都能从中领悟到一些新的、有用的东西；希望它能帮助我们妥善地应对各种变化，不论你的成功目标是什么，它都能助你走向成功。我希望你们能欢欣于你们从故事中所发现的道理，并能享受到这一发现的乐趣。请记住一句话：随着奶酪的变化而变化。不要大声抱怨："谁动了我的奶酪!"

3.危机社会里学会在逆境中转变思想

人人都应当为自己的生命负责，为自己开创有利的环境，而不是坐等好运或厄运的降临。当厄运真的降临了，也要保持一颗积极的心态，不能被眼前暂时的困难吓倒。换一种思维，也许你的世界就打开了另一扇窗户。

许多时候，我们往往不能转变自己的思维定势，尤其是在自己陷入困境中的时候，有些人总是怨天尤人，片面强调外部环境和客观条件，而忽视自我因素和主观能动性。这些人认为，他们所处的境况不是他们自己能控制的。其实，我们的境况不是周围环境而是我们自己造成的。说到底，是由我们自己决定的。成功的要素很大程度上掌握在我们自己手中，人生的成败受心态的制约很大。我们怎样对待生活，生活就怎样对待我们。我们怎么对待别人，别人就怎么对待我们。我们在一项任务刚开始时的心态，就决定了最终会有多大的成功。失败者与成功者的最大区别是：失败者找理由，成功者找方法；失败者逃避和推卸责任，成功者敢于承担责任；失败者在顺境中狂妄自大，成功者在顺境中保持冷静与远见；失败者在逆境中悲观颓废，成功者在逆境中奋发图强。据心理学家统计，我们所埋怨的事 99%导致了消极情绪。因此，克服消极心态的关键在于不要埋怨，彻底切断"树根"，做责任者和积极者，大声对自己说："我是责任者，我负全责；我是积极者，我专注于下一步该怎么做！"

不同领域的优秀——情商明星

一些人非常聪明，在最需要认知能力的领域里如鱼得水，但是在预测这些人的事业是否成功时，智商最不起作用。在许多领域中，一个人能否崭露头角，成为领袖人物，情商比智商所起的作用要大得多。研究人员用麦克兰提出的方法进行了深入的访谈，以了解各行各业中工作明星所具有的能力，了解情商的巨大作用。

两位程序设计师

两位电脑程序设计师介绍了他们工作的情况。他们为用户设计程序，以满足企业的迫切需求。一位设计师说："我听客户说，他需要的是将所有数据都能放在一页里，程序的操作格式要简单。"于是，他遵照客户要求，从满足客户的需要出发来设计。

而另一位程序设计师似乎觉得那样做太麻烦。他不管用户的要求如何，以术语强调说："HP300/30 基础语言编程速度太慢，我用机器语言直接编程。"一句话，他注意的是机器，而不是人。

结果证明第一位程序设计师在工作中的表现绝佳，能设计出令客户称心如意的程序；第二位程序设计师在工作中表现平庸，实际上赶走了自己的顾客。第一位设计师显示出他的情感智商，另一位则是低情感智商的典型。

你，站——站起来了

事情发生在一个很不寻常的日子。那天正是全美橄榄球超霸杯赛的一个周日，大多数美国男人都坐在电视机前观看球赛。而当天纽约飞往底特律的某航班延误了两个小时，乘客的焦虑烦躁明显可见。最后，飞机好歹到达了底特律，可不知怎么阴差阳错地停在了离通道门约 300 米远的地方。乘客因延误到达已经紧张不安了，这下全都站了起来。

这时，一位乘务员走到了客舱里。她该怎样使乘客都坐下来，以便让飞机滑行到通道门口呢？

通常的情况往往是，乘务员严肃地向大家宣布："联邦航空条例规定，在飞机滑行到通道门前，请务必坐在自己座位上。"

　　然而，这位乘务员却不是这样。只听她用甜润的声音逗乐地告诫一个调皮捣蛋而又十分可爱的小孩："你，站——站起来了！"

　　听到这话，每个人都笑了，他们坐回到自己的座位上，直到飞机滑行到通道口。在平静的气氛中，乘客们轻松地下了飞机。

　　这种能力的巨大差别就在于智力与情感的差别，说得更专业点，即认知能力与情感能力的差别。所有的情感能力或多或少都与感觉领域内的某种技能有关，与认知能力共同发挥作用。这与纯粹的认知能力完全不同。电脑通过编程即可将认知能力执行得跟人一样好，如数字化的声音也可以宣布："联邦航空条例规定，在飞机滑行到通道门前，请务必坐在自己座位上。"但是电脑的声音不自然，决不会产生那位空姐打趣的艺术效果。人们一般不愿意按照机器人的指令行事，而乘务员则成功地转移了人们的情绪，避免了意外事件发生。她能准确地敲击情感音符，而仅靠人类认知能力却无法做到这一点。

萨姆的要求

　　萨姆已70岁了，他生活还能自理，包括处理银行存款之类的生活细节。遗憾的是，他说话的声音又尖又严肃，有点让人难以接受。

　　一个星期一的早晨，萨姆去银行取钱，他让出纳员从信用卡中支出现金。出纳员大声地（出纳猜想萨姆有些耳背，因为萨姆说的话难以听清）告诉萨姆，她没有听懂萨姆的话，而且萨姆的信用卡已经到期。萨姆听后对出纳员大声吼道："我需要50美元现金。"银行里的每一个人，包括保安人员都看到和听到了事情的全过程。萨姆和出纳员都感到很生气，萨姆尤其感到难堪。

　　排在萨姆后面的一位顾客去见经理，平静地向他解释了事情的经过。经理走了过来，沉着地邀请萨姆来到经理办公室，倾听萨姆诉说。几分钟后，萨姆满面笑容地向出纳员解释着他的要求。因为耽误了其他顾客的时间，出纳员转身礼貌地向他们道歉。

由此看来，一旦每个人开始使用情商，事情就又回到正常了。

选择合适的日子放映电影

假设这样一种两难困境：你在美国驻北非某国使馆当文化参赞，华盛顿来电指示你播放一部电影。在要求播放的影片中，有一些美国政治家在该国遭到围攻辱骂的镜头。如果放映这部电影，当地居民会觉得受到了攻击指责；不放映呢，国务院的官员又会不满。

怎么办？

这不是虚构的情形。的确有一位外交官曾面临这种两难的局面。那位外交官回忆说："我知道，如果我头天放映了那部电影，第二天就会有 500 名甚至更多愤怒的学生前来将使馆焚为平地。但是，华盛顿的官员又认为电影非常好，一定要放。我不得不冥思苦想，怎样放映电影：既要让使馆向华盛顿报告说，我们已遵照指示放映了电影，而又不惹恼所在国的人民。"

那位外交官想了什么办法呢？他把影片安排在一个斋日放映，因为他知道这天根本不会有所在国的人来看电影。

这一案例是令人钦佩的高情感智商的典型，即"技术专长与经验"的结合。除了智商，我们的日常生活能力与我们所掌握的专业技术结合一起，决定了我们在日常工作生活中的表现。无论我们的知识潜力有多强，它也只是专业知识，只有专业知识和实际工作能力结合在一块儿时，我们才能做好具体工作。

第四课 你的情商还好吗：
为自己的情商把把脉

　　情商评估是哈佛情商课中的重要内容。评估情商会让情商训练不只是停留在原地或单纯的愿望上。当知道情商得分时，你会发现，对情商的体验是更为真实、中肯和更加针对个人的，也更加有利于帮助你认知情商、提高情商。

正确认识情商评估

评估情商的价值有点类似于你想知道你与现在的搭档跳舞是否相配。

当然不是绝对。本书中讨论的情商策略并不依赖于你知道你在情商评估中能得多少分。尽管这个评估给你的情商技巧提供了另一种观点，但你仍然可以在没有接受这个评估的情况下很轻松地发展这些技巧。

这个评估为你提供了一个客观的新视角来描述你的行为特征，它可以用于你在本书中所学到东西的补充，但是决不能替代你从读到的东西中获益。

第一位的也是最重要的是，情商评估将会告诉你哪种技能是你的强项和哪个领域需要花费时间与精力来提高。

你将会知道更多的关于你自己的倾向性和行为特征，比你单纯依靠你自己认识到的内容要多得多。评估中对你的简要描述将会给你提供一个整体情商得分、个人能力和社会能力得分以及在四项情商技巧中每一项的得分。得分高低能表示出你在提高情商方面最需要采取的行动。

情商测验

评估题目对情商的描述将会帮助你理解你的强项和目前具备的技能，这些技能将给你提供改进的最大机会。通过客观评估、学习和实践可以改善你的情商技巧，这与改善你的数学、语言、体育和音乐技巧是相同的。

测验说明：

在每个测验的每道题目下面，都有三个选项 A、B 和 C，请选择其中一项并在该项上画个圈。请记住，为了评估的准确性，你选择的答案应该最接近你的真实做法，不管是你将会采取这种方法去处理事情，还是你曾经使用过这种方法。请不要根据你目前的想法，认为某一项是最佳的选择，或者是最值得人称道的做法而进行选择。虽然做任何事情都想得到他人的称许，但这并不是聪明的反应方式。最后提供了一份标准答案，可供你回答完全部测验题后对自己的测验结果有一个比较明确的了解。

测验题目：

1. 你被要求完成一项难度很大的任务，为此你很沮丧、生气。对此，你会如何应对？

A. 稍稍喘口气，休息一下。然后理清自己的思绪，制订出计划，有效地完成这份工作。

B. 仍然觉得非常的沮丧，但与此同时尽最大努力继续应付这项任务。

C. 找一个愿意听自己倾诉的人，发发牢骚，宣泄一番，然后尽快地把任务做完了事。

2. 你正在完成一项非常重要的任务。你曾经觉得它很有趣，但是因为经常重复做同样的事情，现在你已经感到有所厌烦了。对此，你会如何应对？

A. 在此时此刻，先想一个尽可能迅速有效的方法把任务完成，然后再找机会换一份工作。

B. 把它放在一大堆资料的最下面，然后继续做其他比较有意思的事情。

C. 投入最短的时间、最少的精力继续把事情做完。

3. 为了实现目标，你非常努力地工作。最后你发现，自己收获到的比预想的要多得多。对此，你会如何应对？

A. 享受成功的时光，然后坐下来开始休息，不再工作，靠吃老本过日子。

B. 在这成功的基础上，为自己设立一些新的目标去努力、去奋斗。

C. 继续保持努力，这样自己的表现就不会与自己之前设定的标准有落差。

4. 为了解决某个问题你想了一些方案。但是其他人告诉你，你的方案成功的可能性很小。对此，你会如何应对？

A. 考虑其他人的意见，修改自己的方案。然后计算方案实施的风险和成本是多少。

B. 向其他人提出的意见低头，把自己想到的全部方案都否定掉。

C. 忽略他们的建议，相信自己的判断能力，继续实施方案。

5. 你已经在一件事情上工作了一段时间，但是觉得很难评价自己做到什么程度了以及还可以做出怎样的改进。对此，你会如何应对？

A. 继续做自己已经在做的事情，因为到目前为止还没有人对自己的表现提出任何的不满。

B．相信自己的判断能力，并对自己的行动相应作出一些调整。

C．完成一份自评问卷，并找一个自己信任其意见的人一起讨论，然后对自己的行动再作出一些调整。

6．为了进行某项决策，你正在核对数据，但是你发现有一些很重要的信息缺失了。对此，你会如何应对？

A．设想缺失的数据都是无关紧要的，然后根据自己已经处理过的信息来进行最终的决策。

B．不怕麻烦地追查缺失的数据，等到所有的数据都收集到手时才作出决策。

C．基于可靠信息，对缺失的数据给予推测赋值，然后相应地作出决策。

7．他人要求你完成一项你极其不喜欢做的任务。对此，你会如何应对？

A．付出最小的努力，尽快把任务做完。

B．一直拖延任务，先把自己喜欢做的事情做完。

C．投入自己尽可能多的时间和努力，尽自己最大的能力去完成这项任务。

8．你正在完成一项很重要的任务。几个同事让你暂停手中的工作，一起去喝酒（打牌）。对此，你会如何应对？

A．感谢他们的邀请，向他们解释在这个时候不能与他们一起去的原因。

B．没有向对方致谢，断然拒绝他们的邀请。

C．向对方表示，如果可能的话随后再加入他们，尽管这样的表示仅仅出于礼貌。

9．你正面临着一项持续时间长、实施起来很困难的任务。这项任务要求你努力工作，密切注意每一个细节才能达到目标。某个人向你提出建议，可以用一个快捷、简便的方式来完成它。对此，你会如何应对？

A. 认真考虑对方的建议，但是对可能影响到自己工作原则与标准的任何事则一概表示拒绝。

B. 不理会对方的建议，坚持用经过试验有保障的以及正确的方法来完成任务，不管这会花费多少时间。

C. 立即采纳对方的建议，并尽快地把事情做完。

10. 组织要求你承担额外的责任，你知道这对自己所在的团队来说具有非常重要的意义。但是你觉得自己不能胜任新的角色。对此，你会如何应对？

A. 表示同意。毫不犹豫地把自己现有的任务先放在一边，优先考虑完成新承担的职务。

B. 以自己已经有很多的事情要完成为理由，拒绝承担额外的责任。

C. 表示尽管承担额外的责任会让自己工作很辛苦，但是你愿意去准备面对新的挑战。

11. 你所在的团队一直都很成功，但是在团队取得的各种成绩中，你个人发挥的作用却只占很小的一部分。对此，你会如何反应？

A. 不管自己的作用有多小，为团队取得的成绩感到高兴，并以自己在其中作出的贡献为荣。

B. 向自己的队友表示祝贺，然后继续做自己手中的事情；留下他们为取得的成绩庆祝。

C. 以自己和团队取得的成功没有多大关系为理由，拒绝加入庆祝活动。

12. 为了提高绩效，几个月来你一直在很努力地工作。但是到目前为止，还没有多少成功的迹象。对此，你有如何反应？

A. 继续努力，相信你为自己订立高目标的做法是正确的，在某个适当的时候，自己的目标一定会得以实现。

B．减少付出努力，因为觉得自己不用那么辛苦工作，在某个水平上随意发挥一下就可以满足他人的要求。

C．为了实现目标，再次肯定自己付出的努力不会白费。但是寻求方法上的改进，以取得最后的成功。

13．你们团队正在做的某件事情出现了一点问题，你觉得自己可以解决这个问题。为此，你会如何反应？

A．马上提出自己的方案，不给其他人抢在自己面前表现的机会。

B．等待他人询问自己是否有办法，可以帮忙解决这个问题。

C．充满自信地在团队成员面前陈述自己的看法，邀请他们帮助自己一起实施解决问题的方案。

14．你所在的小组正面临着一项很重要的任务，但是没有人自愿承担来完成它。而你有自信把这项任务干好。你会如何反应？

A．守株待兔，等待他人来询问自己对此是否有意愿。

B．让小组成员明白，自己有意愿承担这项任务，而且如果有了他们的支持，自己会更有信心、有能力把事情做好。

C．毫不犹豫、没有咨询他人的意见就自愿报名承担这项任务。

15．某项职位刚好有一个空缺，但是它要求你承担额外的工作和责任。对此，你会如何反应？

A．不提出申请，因为觉得自己毫无争议就可以得到这个职务。

B．提交申请，表明自己有能力胜任这份工作。

C．袖手旁观，看是否有人比自己更适合来担任这个职务，然后再决定是否提交申请。

16．为了研究某个问题的各种应对方法，将成立一个高层的工作小组。虽然目前还没有人邀请你加入这个小组，但是你明白他们会考虑那些志愿参加的人。你会如何反应？

A．不愿意自我推荐，因为觉得如果没有人向自己提出邀请，那么一定是他们觉得自己不适合参加小组，不具备研究的能力。

B．自我推荐，志愿为小组服务。并让他人知道，自己有能力为小组的工作作出积极的贡献。

C．让其他人知道，如果没有人自愿加入，那么自己乐于去做。

17．你注意到某个危机正在逐步凸现出来，而且似乎没有人愿意掌控局面。对此，你会如何反应？

A．积极主动，带头对不利局面采取一定的控制，直到得到外界必需的支持为止。

B．尽可能快地在第一时间找一个有能力掌控当时局面的人来维持秩序。

C．管好自己的事情。不希望因为自己积极出头出了差错而受到他人谴责。

18．有人问你是否愿意作为主队的候补人员参加一项赛事，但是可能不会邀请你做任何事情。对此，你会如何反应？

A．接受对方的邀请，把它当做是一次加入新团体，体验以及学习新事物的机会。

B．拒绝对方的邀请，觉得自己可以用那段时间去做更有意义、更有价值的事情。

C．接受邀请，但是让对方了解到，比起去当他们的候补，自己更愿意去做其他的事情。

19．有些预想不到的坏消息传来，让你和你的同事对自己将来的发展前景感到焦虑，十分抑郁。对此，你会如何应对？

A．希望大家都能快乐一点，振作起来。建议大家晚上一起出去玩，别把坏消息放在心上。

B．让自己陷入消极悲观的心境当中，并持续一段时间。

C．尽量让自己保持快乐的心境，集中所有思绪，努力寻找各种办法，试图把局势扭转到对自己有利的一面。

20．出乎意料，他人针对你的表现，提出了一些负面的反馈。对此，你会如何应对？

A．听着他们提出的各种批评意见，不发表自己的任何看法，但是在心里表示不服。

B．坚决表示反对，认为对方的意见毫无道理，不可接受。

C．认真倾听他人的反馈，结合自己的评估，思考可以使用的各种方法，改善自我的表现。

21．尽管已付出了最大的努力，但是你一直未能实现自己设定的目标。为此，你会如何应对？

A．坚持自己的目标，但是重新检查寻求实现目标的方法，看它们是否恰当。如果有必要，将付出更多的努力。

B．不愿放弃，下定决心以后要更加努力。

C．重新调整自己的目标，把它调整到自己能够实现的水平。

22．在没有任何思想准备的情况下，要求你调整自己在团队中的职位，到一个全新的、你完全不熟悉的位置上去工作。对此，你会如何应对？

A．拒绝工作上的变动，因为你觉得在短时间内要求你承担新的职责，对你来说并不公平。

B．与他人讨论新的职责要求承担哪些具体的义务。然后在经过充分的思考之后，依靠自己的能力回应挑战，接受新的工作。

C．如果条件确定都符合，那么同意在试用期内从事新的工作。

23．你正赶着在最后的期限内完成一项很重要的工程，但是在这时你遇到了意想不到的麻烦。你会如何应对？

A．竭尽所能，不管怎样尽可能高水准地按时完成任务。

B．向他人解释自己遇到的特殊情况，请求增加额外的时间来完成任务，以达到让你满意的程度。

C. 对问题保持沉默，满足于当时情况下自己的尽力而为。如果有必要，甚至选择走捷径。

24. 你参加了一份工作的面试，但是没有取得成功。尽管在所有的候选人当中，你是看上去条件最符合的一位。你会如何应对？

A. 表示你觉得自己在面试中表现得很好。不过，那天一定是遇到一个发挥得比你要好的人，所以自己才没有成功。

B. 责备自己，没有为面试做好充分的准备。

C. 自称在面试中表现不理想，是因为你并不是很想得到那份工作。

测验结果统计：

对照下列标准，对你的情商测验结果进行统计：

比较你自己在测验中的回答与表 4-1 中给出的标准答案是否一样，如果一致，请在相关的选项上打一个"√"；不一致则不需做其他标志。最后在表 4-2 中统计出你三个等次的"√"数量。

表 4-1　测验题号与标准答案对照表

测验题号	测验题目给出的答案		
	EQ 最高	EQ 最低	中间水平
1	A	C	B
2	A	B	C
3	B	A	C
4	A	B	C
5	C	A	B
6	B	A	C
7	C	B	A
8	A	B	C
9	A	C	B
10	C	B	A

续表

测验题号	测验题目给出的答案		
	EQ 最高	EQ 最低	中间水平
11	A	C	B
12	C	B	A
13	C	B	A
14	B	A	C
15	B	A	C
16	B	A	C
17	A	C	B
18	A	B	C
19	C	B	A
20	C	B	A
21	A	B	C
22	B	A	C
23	A	C	B
24	A	C	B

表 4-2　测验结果统计表

水平分类	EQ 最高	EQ 最低	中间水平
对应结果			

测验结果说明：

"√"数量最多的那一列就代表了你的情商水平。

对情商的分类评估

下面的每一道题里，都有三个备选答案：A、B 或 C，在每道题的三个答案里面，有一个代表的是情感表现最聪明的反应方式，另外一个代表的是最糟糕的反应，第三个描述的则是前两种反应的折中水平。

有的时候，你会觉得在三个选项里面，自己有两个答案都可以选。如果是这样，请尽量选择能反映你最真实、最具深度一面的那一项。在每一道题目提供的背景下，选择在该情景中最接近你个人做法或者你曾经这样做过的一项，并在相应的答案 A、B 或 C 上划圈。

1. 有人对你所说的表示质疑。你会如何反应？

A. 你会说，"我就知道你会这么反应。"

B. 询问对方，"我的观点存在哪些问题？"

C. 你会说，"我有其他的想法，但是我想先听听其他人的意见。"

这道题要评价的是自我调节中的"保持开放的心态"。选项 C 代表的是情感表现最聪明的反应，因为这种质疑、挑战，对方并不是针对个人有意发出的，而是从旁观者的角度寻求展开一场讨论；同时，这也表明，回答者对此有其他不同的观点。相反，选项 A 由于对发出质疑者表现出了一种攻击性，可能引起双方"互相谩骂"，而不是彼此有序地互换观点，因此是情感表现最愚笨的反应方式。

2. 你急需一份报告书。你如何对这份报告的起草人表达你的意思？

A. "我要你在今天把报告递交给我。"

B. "我们今天需要用到那份报告。"

C. "今天要用到那份报告。"

这个问题评价的是自我调节中的"武断、过分自信"。首选答案是 A，因为它表示了个人亲自解决这个问题的意愿，而不是躲在"我们"后面，掩饰了个人的意思；或者如答案 C 那样，以一种与己无关的语气要求对方。就答案 B 来说，至少"我们"这个词的使用表明了一些个人关联以及责任分担的存在。因此 B 和 C 都不是最佳的答案。

3. 你给一个朋友看你的一些假期的照片，他（她）称赞你在照片中拍得很漂亮。对此，你会如何反应？

A. 你会说，"你肯定是在开玩笑，我太胖了，最少还需要瘦几斤，看看下巴就知道了。"

B．你会说，"谢谢，我整个假期都觉得非常好，感觉过得很开心。"

C．你会说，"是的，照片拍得还凑合，而且刚好当时天气也不错。"

这个问题评价的是自我觉察中的"不要总是自我抱怨"。选择答案A，是最不自信的表现。答案 C 带了一点自我贬低的味道，但是比 A 要好一些。在本题中，答案 B 显示了个体健康、良好的自尊。

4．你离开办公室，和几个同事在一起。在休息期间，你打电话到办公室想看看自己是否有一些信息或者留言。在通话过程中你会做些什么？

A．如果有信息的话，看看都是些什么信息，并且询问某某人正在办公室干什么。

B．如果有信息的话，看看都是些什么信息；并且顺便带你的同事们看看他们是否也有一些信息。

C．如果有信息的话，看看都是些什么信息。

这个问题评价的是同理心中的"以自我为中心"。以自我为中心的人只对自己的利益感兴趣。任何回答 C 的人都能为自己找到合理的解释，但是他们并没有考虑到和自己在一起的那些人的利益。与身边的同事、朋友互相帮助、互惠互利，并且做到"己所不欲，勿施于人"。这样我们的社交生活才能得以拓展、延续。因此相比较而言，三种答案中 B 是情感表现最聪明的回答。

5．你所在的小组，赶着在最后期限内完成一项重要的任务。但是，有一个同事总是在胡闹，让你注意力无法集中。对此，你会如何反应？

A．通过命令对方"闭嘴，表现得成熟点"，表明你对他的行为已经忍无可忍。

B．建议小组进行工作进展的核查，制定出各种计划，按期完成任务。

C．忽视同事的不良行为，尽量把注意力集中在当前的任务上，并提醒小组成员限期将至，应加紧努力。

这个问题评价的是动机中的"努力达到高标准要求"。答案 A 意味着以自我为中心，由于工作没有取得进展，而把责任推到某一个人身上，并且还有可能冒着疏远小组其他成员的风险。答案 C 比 A 要好，因为它表明，你希望能够按期完成任务，但是这样做也还是在不停地催促大家干活而已，可能效果并不好。所以，答案 B 是情感表现最聪明的回答，这种做法努力寻求事情的进展，把小组全体成员（包括制造事端的那个同事）的努力都集中于应付当前手中的任务。

6．有一个生气的顾客因为产品出了问题，打电话给你，希望得到你满意的答复。对此，你会如何反应？

A．与顾客争论产品的问题所在，并询问问题产生的原因。认为：如果产品的质量的确是那么糟糕的话，为什么公司没有收到其他顾客的投诉与抱怨呢？

B．向顾客指出，如果产品有问题的话，通常都是由于使用或者储存方法不当引起的。不过，公司允许给顾客退款或者换一件新的产品。

C．向顾客说明，你会给他（她）重新换一件产品或者办理退款。不过，希望顾客做出解释，产品是在什么样的情况下出现了问题。

这个问题评价了社会性技能中的"良好沟通能力"，尤其是在顾客服务这一情商水平备受重视的领域。因此，大家应该很容易明白，为什么答案 A 是情感表现最不聪明的反应，而答案 C 最能让人接受。

7．你意识到自己做了一个错误的决定，将给其他人带来不利的影响。对此，你会如何反应？

A．努力想各种办法，尽量减少自己造成的损失。

B．对事件保持沉默，与此同时为自己寻找替罪羊。

C．向事件的相关人员表示歉意，并提出一些弥补损失的建议。

这个问题评价的是社会性技能中"与他人和谐共事"的能力。把情商用在工作中，如果你把事情弄糟了，你最好为此承担责任，并且积极寻求各种各样的解决办法，弥补自己已造成的损失（答案C），而不是设法把责任推到你的同事身上，自己却逃之夭夭（答案B）。当然，如果选择自己一个人孤军作战，努力降低损失（答案A），结果可能只会把事情弄得更糟糕，而不是更好，无益于事情的解决。

情商技巧评估

运用下述的四个步骤完成你的情商技巧评估。

步骤一：做好准备

回答下面所列问题，你需诚实而客观，该怎么样就怎么样。如果你希望在工作中提升你的情商，可以选择你的直接上级、一个商业伙伴或同一团队成员给你一个客观而有帮助的反馈。如果你希望在个人生活中提升你的情商，可以选择你的配偶或亲密的朋友帮你完成此评估。

步骤二：完成评估

表4-3中的陈述是否在75%以上与你的情况相符？请在对应栏内打一个"√"。

表 4-3　测验题目与答案

题号	测验题目	答案	
1	在作出决定或采取行动前,我会听听他人的意见。	是	否
2	我有良好的幽默感。	是	否
3	我可以从他人的角度观察和感受事情。	是	否
4	我能冷静和健康地面对管理上的压力。	是	否
5	在与他人沟通时,我会让他感觉良好。	是	否
6	在处于冲突和困难的情况下,我仍能积极思考。	是	否
7	在开始生气或冒犯他人时我头脑清醒。	是	否
8	当进行变革时,我会考虑到他人的感受。	是	否
9	除了出现挫折或问题,我会一直默默无闻地工作。	是	否
10	当使用否定的想法时,我能保持头脑清醒。	是	否
11	我以遵循计划、支持他人、建立互信的原则工作。	是	否
12	我一直保持快乐并乐于为新主意付出劳动。	是	否
13	我会帮助意见不同的人达成一致。	是	否
14	当面对他人的火气时,我能保持放松而且目标明确。	是	否
15	为了解决冲突,我提倡公平和互相尊重的讨论。	是	否

步骤三：得分统计及解释

你选择了多少个"是",按照选择一个"是"记1分的标准,你将得出你的情商技巧总体得分和相应的得分解释:

(1) 13~15分,表明你的情商非常高;

(2) 10~12分,表明你的情商比较高;

(3) 7~9分,表明你的情商处于中等水平;

(4) 4~6分,表明你的情商低于平均水平;

(5) 1~3分,表明你的情商远低于平均水平。

步骤四：评估你现有情商技巧的优势和弱点

步骤二列出的15个评估选项中的每一个均反映了你在五类情商技巧中的某一类水平。这五类情商技巧是:自我认知、社交技巧、乐观态度、情感控制和灵活性。为了统计你每一类技巧的得分，我们提供了下面的问题编号与对应的情商技巧表（见表4-4）。

使用说明：如果你在第一个问题上划"是"，说明你在自我认知上得1分；如果你没有画"是"，则不得分。如果你在第二个问题上划"是"，说明你在自我认知、社交技巧、情感控制和灵活性上分别得1分；如果你没有画"是"，则对应的四类技巧均不得分。

表4-4　对应情商技巧

问题编号	对应的情商技巧				
	自我认知	社交技巧	乐观态度	情感控制	灵活性
1	是				
2	是	是		是	是
3			是	是	
4	是	是	是		
5	是		是	是	是
6	是		是	是	
7		是			
8		是	是	是	是
9		是	是		是
10	是	是		是	是
11		是		是	是
12	是	是			
13	是		是		是
14				是	
15			是		
技巧总数					
水平等次					

统计出"技巧总数"后，据此确定每一类情商技巧的水平等次，分别填入"水平等次"栏中。例如，若自我认知的得分是8分，则在

其下面的"水平等次"栏内填"非常高"。若社交技巧的得分是 6~7 分，则在其下面的"水平等次"栏内填"高"。水平等次的确定标准为：8=非常高，6~7=高，4~5=平均，2~3=低于平均，O~1=远低于平均。

自我认知技巧高的人会清醒地意识到他们的感觉怎样，被什么激励，阻碍他们的是什么以及他们怎样影响别人。

社交技巧高的人能与他人进行有效的沟通并保持良好关系，他们会专注地聆听他人的发言并用最恰当的沟通方式满足他人的独特需要。

乐观态度技巧高的人有积极和乐观的生活形象，他们的精神状态使他们朝着目标按部就班地工作，即使遇到挫折也不放弃。

情感控制技巧高的人善于冷静地处理压力，能够应付情感受压迫的环境，如环境变化或人际关系冲突。

灵活性技巧高的人能够适应各种变化，善于运用各种方法解决问题。

1. 如果你独自完成自我评估，请回答下面的问题：

(1) 我最突出的情商技巧是（选择"高"或"很高"等级的技巧）什么？

(2) 我最应改善的情商技巧是（选择"低于平均"或"远低于平均"等级的技巧）什么？

(3) 对我来说，改善情商技巧最重要的是什么？

2. 如果你和他人共同完成你的自我评估，记录一下你们讨论的结果。

(1) 你们认为你最突出的情商技巧是什么？

(2) 你们认为最应改善的情商技巧是（选择"低于平均"或"远低于平均"等级的技巧）什么？

(3) 对你来说，改善情商技巧最重要的是什么？

衡量你的感情技巧

情商背后包含了十分重要的信息，那就是感情会使我们更加聪明。感情非但不会阻碍理性思维，反而有利于理性思维的形成。

尝试一下下面情商测验中部分能力测试题。这些测试题并不一定能给出你的真实水平，但是你可以感受到科学家们衡量感情技巧的方式。

读下面的问题，在 A、B、C 三个选项中选择一个你感觉对自己来说描述最确切的选项，用打"√"的方式标注出来。

测验题目：

1. 判断感情：评估你的感情意识。

（1）了解感情。

A. 几乎总是了解自己的感受。

B. 有时了解自己的感受。

C. 从不注意自己的感受。

（2）表达感情。

A. 我的感情表达可以让别人理解我的感受。

B. 有时可以表达出自己的感受。

C. 不善于表达自己的感受。

（3）解读他人的感情。

A. 总是了解他人的感受。

B. 有时了解他人的感受。

C．错误地解读他人的感受。

(4) 解读微妙的非语言感情线索。

A．能够全面了解他人的感受。

B．能够解读非语言线索，例如肢体语言。

C．不注意这些事情

(5) 了解虚假的感情。

A．总是可以识别谎言。

B．当其他人撒谎时我通常会感觉得到。

C．容易被他人愚弄。

(6) 了解艺术作品中的感情。

A．有强烈的审美观。

B．有时可以感觉得到。

C．对艺术作品或音乐不感兴趣。

(7) 跟踪感情。

A．总是了解自己的感觉。

B．经常了解自己的感觉。

C．很少了解自己的感觉。

(8) 对感情控制的了解。

A．当他人想要控制我的时候我总能知道。

B．当他人想要控制我的时候我经常能知道。

C．当他人想要控制我的时候我很少能知道。

2．运用感情推动思维：评估产生感情并将其融入思维之中的能力。

(1) 当有人向我讲述他自己的经历时。

A．我能够体会他的感觉。

B．我理解他的感觉。

C．我只注意事实和细节。

（2）我可以根据需要产生某种感情。

A．无论产生哪种感情都很容易。

B．能够产生大部分感情。

C．很少或产生感情很困难。

（3）在重要的事情到来之前。

A．我可以进入积极的、精力充沛的状态中。

B．或许我能够让自己情绪高涨起来。

C．我保证自己的情绪保持不变。

（4）我的思维是否受感情的影响。

A．不同的情绪以不同的方式影响我的思维和决定。

B．也许在特定场合进入某种特定状态是重要的。

C．我的思维不受感情的影响。

（5）强烈的感情对思维的影响。

A．感情可以帮助我把注意力集中在重要的事情上。

B．感情对我的影响很小。

C．感情常常使我分散注意力。

（6）我对感情的想象力。

A．很强。

B．有点感兴趣。

C．没什么价值。

（7）我可以改变自己的情绪。

A．很容易。

B．经常。

C．很少。

（8）当有人向我讲述强烈的感情事件时。

A．我可以体会他们的感觉。

B．我的感觉有些变化。

C．我的感觉保持不变。

3．理解感情：评估你的感情知识。

（1）我的感情词汇。

A．非常具体而丰富。

B．一般。

C．词汇量不是很大。

（2）对于他人产生某种感情的原因，我的理解通常可以获得。

A．彻底的领悟。

B．有一些领悟。

C．一些零零散散的东西。

（3）我对感情变化和发展的了解。

A．很深刻。

B．一般深刻。

C．我不感兴趣。

（4）感情假设分析通常会产生。

A．对各种不同行为的结果有准确的预测。

B．有时能够预见某些感情。

C．通常不知道他人的感觉将会有何发展。

（5）当我试图确定产生感情的原因时。

A．总会将感情和事件联系起来。

B．有时可以将某种感情与其原因联系起来。

C．认为感情的产生并不总是有原因的。

（6）相互矛盾的感情。

A．有时可以体会得到，比如说爱恨共存。

B．有可能存在。

C．没什么意义。

(7) 我认为感情。

A．有特定的变化模式。

B．有时可以随着他人的感情变化。

C．会偶然出现。

(8) 感情推理。

A．我有比较丰富的感情词汇。

B．我经常描述自己的感情。

C．在描述感情时，我总找不到合适的词。

4．控制感情：评估你的感情控制能力。

(1) 我注意感情的程度。

A．经常。

B．有时。

C．很少。

(2) 我根据自己的感情采取行动。

A．立即。

B．有时。

C．从不。

(3) 强烈的感情。

A．可以激励并帮助我。

B．有时会使我被感情控制。

C．应该受到控制甚至是遗忘。

(4) 我很清楚自己的感觉。

A．经常。

B．有时。

C．很少。

（5）感情对我的影响。

A．通常可以被理解。

B．有时可以被理解。

C．很少被处理或感受到。

（6）我对强烈感情的处理。

A．既不夸大也不轻视。

B．有时进行。

C．不是夸大就是轻视。

（7）我能够改变糟糕的情绪。

A．经常。

B．有时。

C．很少。

（8）我可以保持好情绪。

A．经常。

B．有时。

C．很少。

测验分数统计及解释：

分数统计：

统计一下每组题目中A、B、C选项分别共有多少个，然后根据下面列出的计分标准，计算出自己的分数：A为2分；B为1分；C为0分。

1．判断感情得分：

2．运用感情得分：

3．理解感情得分：

4．控制感情得分：

得分解释：

1. 总体解释：8分或8分以下属于低分，9分或9分以上属于高分。这些问题只是为了激发你关于感情技巧的思考，而不是真正衡量你的技巧。

2. 了解四方面感情技巧得分情况的作用。

（1）判断感情：你的分数说明你判断感情的准确性。你是注意了这些数据还是忽略掉了？如果你想知道别人的感受，你的判断是准确的吗？

（2）运用感情：你的分数可以让你了解自己利用感情了解别人的程度或者利用感情提高你决策或思维水平的方式。

（3）理解感情：你的分数可以让你更好地了解自己感情知识的多少。

（4）控制感情：你的分数说明感情在多大程度上可以对你的决策产生积极的影响。

找出自己得分最高的技能，问自己下面的问题：

1. 我有什么优点？

2. 我处理问题的方式是什么？

找出自己得分最低的技能，问自己下面的问题：

1. 我存在着哪些障碍？

2. 在处理某些问题的时候我可能会遇到什么难题？

第五课 探秘自我：
发现真实自我，引爆内在潜能

　　作为一个现代人，如果不能正确地认识自己，就很难在社会中找准自己的位置。哈佛情商课指出，认识自我，不仅要认识自己的先天素质，包括智能素质、心理素质、身体素质，还要认识自我所受的教育，以及在教育和实践过程中所形成的世界观和人生观，自我的思想品德，认识自己所掌握的科学知识、专业特长和技能等。

　　只有正确地认识自我，才能正确地评价自我。当你对自己有了一个全新的认识之后，还要与其他竞争者的条件作一个比较，发现自己的长处与短处，这样，才会在生活中和工作中找准自己的位置。正如尼采所说的："聪明的人只要能认识自己，便什么也不会失去。"

自我认知

　　自我认知是在情感发生时对情感的识别能力，这种能力是情商培训的关键之处。自我认知就是了解自己的想法和情感，有了对自己的正确认识，才会有作出更好选择的能力。

　　人的大脑共有三部分，分别是直觉、情感和逻辑，它们像一个咨询团队的三个咨询专家那样一起工作，其目的是保证你的安全并向你提出建议。每一个咨询专家都有一套不同的方法，有时它们向你提供相互冲突的建议，有时它们又保持沉默。你的任务是学会如何听懂三个专家的建议并依据它们共同输入的信息选择其最佳者，然后作出正确决定。

　　了解三个专家如何工作的最佳方法是在实际情况中观察他们的行为。例如，苏珊开完会后深夜独自回家，她开车进入车库，下了车，步行回家。一个戴着滑雪面罩的人突然跳出灌木丛出现在她的面前，并用枪指着她的脸说："把钱包给我。"对此，苏珊应该如何使用她的专家系统作出决定？

　　请记住，来自一个专家的指导可能被其他专家的建议所淹没，尤其当后者的力量较强时。例如，当直觉专家和情感专家向你大声疾呼时，你不可能听到逻辑专家的建议。

表 5-1　咨询专家的技巧

	三个咨询专家		
	直觉专家	情感专家	逻辑专家
技巧	辨认危险，建议你反击或跑开。	用你的记忆，回想你以前学习过什么应对措施。	全面分析问题的严重性并作出选择。
优势	让你不加思考迅速行动。	依据以往的经验和知识帮助你迅速地作出决定。	帮助你仔细考虑，作出理性的选择，以备将来使用。
弱点	可能令你不假思索地做出危险的行动。	可能把事情弄糟。	需要时间和较精确的信息以全面地考虑所有可能的选择。

　　时刻倾听并了解三位专家的建议，你才能明智地思考，做好计划和准备是你采用全部专家建议的最好途径之一。

　　当出现危机时，你如何反应？在危机状态下，你很难听到来自逻辑专家的建议。大多数人所谓的"感觉还好"实际上只是综合了直觉专家和情感专家的意见，不综合权衡三个专家的建议就片面地作出决定是危险的。

　　在前边遇到蒙面枪手的例子中，苏珊遇到危险情况时应如何采取行动，她的理性可能告诉她首先应保护自己，然后才是财产。

　　虽然大多数人很少面对有生命危险的情况，但是，每天面对时间安排被打乱、易暴躁的人及个人问题等都需要你清醒地思考。每个人都有周期性的危机感，这些危机感使人很难保持平静和头脑清醒。

　　运用以下四种技巧，找出你面对危机和压力作出某种反应的原因，试着更多地了解自己。你将来会如何思考和反应，精神上应有些准备。

　　人在危险和恐惧的束缚下，很难做到头脑清楚。放松能够使你的大脑处于更平和的状态，有助于你冷静地思考。当你感到心情平静时，就会清楚自己的感情、身体和大脑在做什么。

深呼吸几次，让你绷紧的肌肉松弛下来，使你了解自己的感觉、想法和反应。

在放松状态下，重新审视令你烦躁不安的原因，它可能是顾客的抱怨、公司裁员、配偶责备你没做家务事，或者是一个合作伙伴对你撒谎。

现在，请记住事件发生时你的感觉和想法，在全面分析了你的情感之后，你能够把你的想法引向明智的行动。

问你自己"在感受如何方面，我的身体告诉我什么？我什么地方感到紧张？是手、胳膊、后背、颈还是肠胃？我是否头痛？反抗和溜走哪个是我应做的反应？想到与那个人共事，我非常生气吗？"

引起你强烈反应（如生气、复仇、恐惧、悲伤、疲倦等）的真正原因可能并不明显。认真地研究隐藏在背后的真相，用提问（谁、什么、为什么、何时、怎样等）的方式剥开层层外衣，发现隐藏其中的真正原因。

更深地探究你的困境，以发现深藏其中的原因。多问自己几个"为什么"：

"为什么当……发生的时候我感到烦乱？"

持续提问并回答，直到你确信找到了你的真实情感。

激励是人们做事的动力，像燃料使汽车工作。激励是影响你如何做决定及如何处理人际关系挑战的力量源泉。一旦你知道是什么力量驱使着你，你就能够改善自己的思维方式并作出更好的选择。

美国心理学家乔（John）和韩瑞（Harry）提出关于自我认识的窗口理论，被称为乔韩窗口理论。他们认为人对自己的认识是一个不断探索的过程。因为每个人的自我都有四部分：

公开的自我、盲目的自我、秘密的自我和未知的自我。通过与他人分享秘密的自我、通过他人的反馈减少盲目的自我，人对自己的了解就会更多更客观。

那么如何认识自己呢？认识自我的渠道主要有以下三种。

1.从自己与他人的关系中认识自己

与他人的交往，是个人获得自我认识的重要来源，他人是反映自我的镜子。从幼年到成年，我们从简单的家庭关系扩展到外面的友爱关系，进入社会又体会到复杂的人际关系。聪明而善于思考的人能从这些关系中用心向别人学习，获得足够的经验，然后按照自己的需要去规划自己的前途。但是，在与他人的关系中认识自己也要注意一些问题：

第一，跟别人比较的是我们做事的条件，还是我们做事的结果？比如有些大学生来大学学习，认为自己家庭条件和经济基础不如别人开始就把自己置于次等地位，进而影响学习心态和情绪，其实我们应该比较的是大学毕业后各自所取得的成绩，而非在学校学习时所具备的条件。

第二，跟他人比较的标准是可变的还是不可变的？经常有人认为自己不如他人，他们关注的常常只是身材相貌、家庭背景等不能改变的条件，对于大多数人来说，这些条件是很难改变的，是没有实际比较的意义的。

第三，和什么样的人相比较？是与自己条件相类似的人，还是个人心目中的偶像或不如自己的人？所以，确立合理的比较对象对自我的认识尤为重要。

2.从"我"与事的关系中认识自我

从我与事的关系认识自己，即从做事的经验中了解自己。我们可以通过自己所做过的事，所取得的成就，看到自己身上的缺点和优点。

对那些聪明又善用智慧的人来说，成功或失败的经验都可以促使他再成功，因为他们了解自己，有坚强的品格特征，又善于学习，因而可以避免重蹈失败的覆辙。

而对于某些比较脆弱的人，因为只看到失败反映出的负面因素，而这更使其失败。这也是常见的现象。因为他们不能从失败中学到教训，改变策略追求成功，而且挫败后形成害怕失败的心理，不敢面对现实去应付困境或挑战，甚至失去许多取得成功的机会。

而对于一些自大的人而言，成功反可能成为失败之源。他们可能因为成功便骄傲自大，以后做事便自不量力，往往遭受更多的失败。

3.从"我"与自己的关系中认识自我

从"我"与己的关系中认识自我，看似容易其实做到这一点是非常困难的。我们可以从以下几个角度去试着认识自己：

（1）自己眼中的我。个人眼中观察到的客观的我，包括身体、容貌、性别、年龄、职业、性格、气质、能力等。

（2）别人眼中的我。在与别人交往时，从别人对你的态度、情感反映而感觉到的我。不同关系的人、不同类型的人对自己的反应和评价是不同的，它是个人从多数人对自己的反映中归纳出的认识。

（3）自己心中的我，也指自己对自己的期待，即理想中的我。

我们可以通过自己眼中的我、别人眼中的我、自己心中的我这三个我的比较分析中来全面认识自己，进而完善自己。

认识自我，克服自卑

几千年来，哲学家一直都忠告我们，要认识自己。但是，大部分的人都把他解释为仅认识你消极的一面，大部分的自我评估都包括太多的缺点、错误与无能。认识自己的缺点是很好的，可惜却很难谋求改进。如果仅认识自己的消极面，就容易产生自卑心理。因此，自卑心理产生的根源在于不能正确地认识自己。

人类最大的弱点就是自卑，至少有95%的人，其生活多多少少会受到自卑的影响。很多不能获得成功和幸福的人，也主要是因为有严重的自卑感。自卑心理严重的人，并不一定就是他本人具有某种缺陷或短处，而是不能悦纳自己，常把自己放在一个低人一等，不被别人喜欢，被别人看不起的位置，并由此陷入不可自拔的境地。自卑感的产生不是来自"事实"或"经验"，而是来自我们对事实和经验的评价。例如，我是个唱歌不行的人或跳舞不行的人，但是，这并不是说我是个"不行的人"，这全部决定我们用什么标准来衡量自己。自卑感之所以会影响我们的生活，并不是由于我们在智能上或知识上的不如人，而是我们有不如人的感觉，这种感觉常常会使我们不能正确地判断自己，只会给自己带来低人一等的感觉。

自卑感常会给我们的生活带来负面影响，如自卑的人容易心情低沉，郁郁寡欢，常因害怕别人瞧不起自己而不愿与别人来往，只想与人疏远，因而缺少朋友，甚至自责、自罪；他们做事缺乏信心，没有自信，优柔寡断，毫无竞争意识，享受不到成功的喜悦和欢乐，因而感到疲惫，心灰意懒。可见，自卑的心理会促使一个人在人生道路上走下坡路，它是加速人们衰老的催化剂，因此我们应该摒弃自卑心理，客观地分析自我，认识自我，热爱自我。

以下是几个战胜自卑的方法。

1.全面了解自己

将自己的兴趣、嗜好、能力和特长全部列出来，哪怕是很细微的方面也不要忽略，然后再和其他同龄人做一比较。通过全面、辩证地看待自身情况和外部世界，认识到凡人都不可能十全十美，人的价值主要体现在通过自己的努力，达到力所能及的目标。对自己的失败持客观理智态度，既不自欺欺人，又不看得过于严重，而是以积极态度应对现实。

2.转移注意力

一个人既不可能十全十美也不可能一无是处。不要老把注意力放在自己的缺点和失败上，而应将注意力和精力转移到自己最感兴趣，也最擅长的事情上去，从中获得的乐趣与成就感将强化你的自信，驱散你自卑的阴影，缓解你的心理压力和紧张。

3.对自己的自卑进行心理分析

这种方法可在心理医生的帮助下进行。具体作法就是通过自己联想和对早期经历的事情的回忆，分析找出导致自卑心理的原因，让自己明白自卑情结是因为某些早期经历而形成的，自卑感是建立在虚幻的基础上的，与自己的现实情况无关，因而是没有必要的。这样可以从根本上瓦解自卑情结。

4.用行动证明自己的能力与价值

看一个人有没有价值，我们常通过他所做的事来判断，你能做成多大的事，你就有多大的价值。因此，你可先选择一件自己较有把握也较有意义的事情去做，做成之后，再去找一个目标。这样，你可以不断收获成功的喜悦，又在成功的喜悦中不断走向更高的目标。每一次成功都将强化你的自信心，弱化你的自卑感，一连串的成功则会使你的自信心趋于巩固。当你切切实实感觉到自己能干成一些事情时，你还有什么理由怀疑自己的能力呢？

5.从另一个方面弥补自己的弱点

每一个人都有着多方面的才能，一个人这方面有缺陷，但可从另一方面谋求发展。一个身材矮小或过于肥胖的人，可能当不成模特和仪仗队员，可是这世界上对身材没有苛刻要求的工作多的是。一个人只要有了积极心态，能对自己扬长避短，就会将自己的某种缺点转化为自强不息的推动力量。

因为它会促使你更加专心地关注自己选择的发展方向，往往能促成你获得超出常人的发展，最终成为卓越人士。

这方面的著名事例数不胜数，如身材矮小的拿破仑、身短耳聋的贝多芬、下肢瘫痪的罗斯福、少年坎坷艰辛的巨商松下幸之助、霍英东、王永庆、曾宪梓等。

这些人要么有自身缺陷，要么有家庭缺陷，但他们都成了卓越人士，都从某个方面改变了世界。

6.推翻内向的自我形象

每个人都应该是自己的主宰，做自己人生的导航员。没有谁比你自己更能决定你的命运。因此，你个性内向与否，那不是上帝的安排，而是你自己的安排，而是你自己的决定。当你认定自己性格内向时，你便赋予了自己内向封闭的自我形象。而一旦这一形象标签进入你的潜意识，它又反过来约束你的行为。对自己的社交缺乏信心的人，不妨将自己从记事以来所认识的朋友都罗列出来，你会惊讶于自己竟有这么广泛的交际。特别是要多想想你的那些好朋友，既然你能与那么多人建立起良好的人际关系，深厚的友谊，也就足以证明你并非性格内向，不善交际了。

上苍赋予我们每个人的东西都是我们的资本，都可以被充分利用以实现自我价值。我们不必埋怨现状，只要你做到珍视自己所拥有的，充分发挥其作用，从现在起发挥自身的优势和潜能，实现其价值，就能够战胜自卑，找到自我。因为能体现自身价值的并不是那些外在肤浅的东西，而是内涵、修养、品德。这看似相同的三个词却道出了做人的三要素。

挑战自我，变自卑为自信

心理学家根据对社会的调查发现，严重影响人们自信主动，勇于进取的障碍主要有五个因素：

1.自卑

过分的自我批判，常常表现为过分的自我挑剔，因而导致在心志上的"自杀"，失去进取心。

2.胆怯

胆怯的心理必然会磨灭自己的梦想，想象力和独创精神，因为总是害怕出问题而失去许多机遇。

3.懒惰，倦怠

由于不肯努力学习，勤奋工作，使自己变得平庸无能，也使某些原本有才华的人失去了进取和创造的精神。

4.性格的片面性和狭隘性

一个人的个性是一个特别重要和积极的因素，但它必须是健全和完整的，片面和狭隘的个性会阻碍创造才能的发挥，也会对人际关系有消极的影响。

5.动机与兴趣的浮躁与庸俗

这个不利因素会使人从众流俗，忽冷忽热，浮躁地追赶某种时髦，实际上还是不明确自己到底要什么，因而也就浅尝辄止或有始无终。

很明显，这五大障碍归根到底都是心理态度的消极，缺乏自信主动的意识。这些心理往往都是在个人成长过程中不知不觉养成的。

小时候，看见别的孩子爬树，你总是站在一旁看着，自己却从不敢试一下，你认为别的孩子太淘气了，而你早已学会了安分守己，于是，你便失去了机会。上学了，班上举办文艺活动，会唱歌的你不敢报名参加，你不敢上台，怕出丑丢人。诸如此类的小机会，如果你不抓住，似乎一次又一次的放弃也没什么损失，但实际上，你的损失是巨大的，因为你的心态和选择已经形成了消极被动的习惯。那么等到关键的时机来临的时候，你怎么会发现和抓住呢？等待你的只有错过和失去。

实际生活告诉我们：争取成功的动力和机遇就是这样飞来又失去，失去又飞来。问题在于你能否改变自己，能否唤醒积极的自我意识。如果不是心态积极，自信主动，哪里会有什么动力和机遇？即使机遇和目标就在你眼前晃动，你也不会发现，或是发现了也不敢抓住。所以，我们所缺乏的主要不是机遇和条件，而是积极的自我意识。

人们都很羡慕那些取得成功的人，其实那些创造了奇迹的人与我们最大的区别就在于，他们都有坚强的自信意识。如果把一个人的成功比作土地上的果实，那么，自信就是取得成功果实的种子。有了种子不等于就会有果实，还要精耕细作，努力工作。但如果没有种子是绝对不能长出果实来的，一个人不相信自己有能力、有价值并且可以成功，哪里还会自觉地强化自信意识，树立成功心理呢？

对于个人来说，有坚强的自信，往往可使平庸的男女能够成就神奇的事业，成就那些虽然天分高、能力强却又疑虑与胆小的人所不敢尝试的事业。你的成就的大小，永远不会超出你自信心的大小。拿破仑的军队决不会爬过阿尔卑斯山，假使拿破仑以为此事太难的话。同样，假使你对于自己的能力存在严重的怀疑和不信任，你一生中就决不能成就重大的事业。成功的先决条件就是自信。

河流是永远不会高出于其源头的。人生事业的成功，亦必有其源头的，而这个源头，就是梦想与自信。不管你的天才怎样高，能力怎样大，教育程度有多高，你的事业的成功，总不会高过你的自信。"他能够，是因为他认为自己能够；他不能够，是因为他认为自己不能够。"自信对我们的成功非常重要，很多的科学家、发明家把它作为最重要因素。

发明家爱迪生就讲过，自信是成功的第一要素。拿破仑·希尔，美国成功学的一个重要的代表人物，也是反复地强调自信，他甚至说，自信就是生命和力量，自信是创业之本，信心就是奇迹。

有许多人常常这样认为：世界上种种最好的东西，与自己是没有关系的；人生种种中善的、美的东西，只是那些幸运宠儿所独享的，对于自己则是一种禁果。他们沉迷于自以为卑微的信念中，所以他们的一生，自然要卑微一世；除非他们一朝醒悟，敢于抬头要求"优越"。

自信心比金钱、势力、家世、亲友更有意义。它是人生最可靠的资本。它能使人克服困难，排除障碍，使人的冒险事业终于成功，它比什么东西都更有价值。一个人能够给予自己很高的估价，则他在做事时，信心百倍，刚刚开始，就可得到一半的胜利，操一半的胜算了。一切横在自卑自抑者面前的障碍，在这种自信坚强的人的面前，是完全不存在的。假使我们去研究，分析一下"自造机会"的人们的伟大成就，就一定可以看出，他们在出发奋斗时，一定是先有一个充分信任自己能力的坚定信心。他们的心情、志趣，坚强到可以踢开一切可能阻挠自己的怀疑和恐惧，这类念头，使得他们能够勇往直前。

正确地评价自己

自我评价是心理学中的一个术语，是指人对自身条件、素质、才能等各方面情况的一种判断。自我评价的恰当与否，直接关系到个人的职业选择、事业的成功。

正确地进行自我评价一般可通过两种方法，一种是直接的自我评价，一种是间接的自我评价。

1.直接的自我评价

直接的自我评价首先是认识自己的自然条件，包括健康情况、心理状态、情感特点、兴趣倾向、知识水准、专业特长、智力情况、能力特点，以及文字表达能力、动手操作能力、心理承受能力等各方面的情况。其次，是同自己在不同领域的实践中取得的不同成绩相比较，以发现自己的长项，确定奋斗目标。美国华尔街股神沃伦·巴菲特原来的梦想是音乐家，也曾在大学学习音乐专业，但很快他就发现自己的长处不在这里，于是便毅然转到股票投资方面去了。

2.间接的自我评价

间接的自我评价是指通过与他人行为的对照、情况的对比，发现自我认识的错误。"不识庐山真面目，只缘身在此山中"，这是一些人不能对自己做出正确认识的原因之一。当事者迷，那么就不妨用与他人相比较的方法及用自己在不同领域中取得的不同成果相比较的方法鉴别一下。多数人在自我评价问题上具有两重性：一方面，喜欢幻想，把个人的境遇、发展、前途画得绚烂多彩；另一方面又常常低估自己的才智和工作能力，自我评价常常是过谦的，甚至是比较自卑的。"天生我才必有用"，"尺有所短，寸有所长"，每个人都有自己的长项和短项。有的人可能不辨音律，但却有着高超的组织才能；有的人也许不解数字之迷，但却心灵手巧，长于工艺；有的人可能不好琴棋书画，但酷爱自然，精于园艺；有的人或许记不住许多外语单词，但有一副动人的歌喉，擅长文艺。诸如此类，不一而足。正确的自我评价，是帮助我们确定正确奋斗方向的前提。在实践中，在与他人的比较中，要突破一定的思维定势，要使思维方法尽可能地全面些、辩证些、灵活些。

人的知识、才能通常是处于离散状态的、朦胧状态的，需要人们不断地挖掘、探索、发现和开发，从个人的兴趣爱好、思维方式、毅力的恒久性、已有的知识结构、献身精神与果敢魄力等多方面进行全面的考察和测试，才能为作出科学的自我评价提供有益的帮助。

充满自信，精神就不会崩溃

有某一学生团体，提倡大学生每年选出一位最合乎现代且美丽的大学生，并且举办比赛。以下是那里的工作人员说的。

他（她）们到各大学、到大街上，看到美丽的人，就把小册子拿给他（她）们看，请他（她）们参加这个比赛。从地方到中央，举办一次又一次各种的比赛。这些人变得愈来愈美，简直让人看不出来。

那里的工作人员说："大概愈来愈有自信了吧!"这话完全正确。

林德曼的信念实验

1900 年 7 月，一位叫林德曼的精神病学专家独自一人架着一叶小舟驶进了波涛汹涌的大西洋，他在进行一项历史上从未有过的心理学实验，预备付出的代价是自己的生命。

林德曼博士认为，一个人只要对自己抱有信心，就能保持精神和机体的健康。当时，德国举国上下都在注视着独舟横渡大西洋的悲壮冒险。已经先后有 100 多位勇士相继驾舟横渡大西洋，结果均遭失败，无人生还。林德曼博士认为，这些死难者首先不是从肉体上败下阵来的，主要是死于精神上的崩溃，死于恐怖和绝望。为了验证自己的观点，他不顾亲友们的反对，亲自进行了实验。

在航行中，林德曼博士遇到了难以想象的困难，多次濒临死亡，他的眼前甚至出现了幻觉，运动感也处于麻木状态，有时真有绝望之感。但只要这个念头一升起，他马上就大声自责："懦夫，你想重蹈覆辙，葬身此地吗？不，我一定能够成功！"生的希望支撑着林德曼，最后他终于成功了。他在回顾成功的体会时说："我从内心深处相信一定会成功，这个信念在艰难中与我自身融为一体，它充满了周围的每一个细胞。"

林德曼的实验表明，人只要对自己不失望，自己充满信心，精神就不会崩溃，就可能战胜困难而存活下来。

成就不会超过自信所达的高度

一位心理学家曾做过这样一个实验：他将一只饥饿的狗放在类似

迷宫的木板围成的甬道中，狗为了觅食不断地向上蹿，向上跳，企图越过木板出去。但每当狗向上蹿时，就会得到一次电击的惩罚，开始时受饥饿的驱使，狗仍然向上蹿跳，但次数越来越少。经过反复几次惩罚，狗就完全放弃出去的希望，再也不往上蹿跳了。

心理学家把这种现象称为"习得性无力感"。一个人自信心丧失了与这个实验过程有相似之处。没有哪一个人生来就缺乏自信。以学习为例，天生对学习不感兴趣，对学习从开始就没有信心的学生是不存在的。学习上的"无力感"、"无奈感"是由于多次学习失败的挫折积累造成的，若考试成绩一连几次不理想，自信心便一次次被磨蚀，直至内心再也燃不起努力进取的热情，"学习无力感"便形成了。"学习无力感"形成的原因多是在遭受挫折后，不注意总结经验教训，丧失信心，失去了一次次本可以创造走出逆境的机会，最后对自己只好彻底放弃。

如果首先想到的是"我做不好"这个消极的结果，大脑活动的积极性、主动性被抑制，连尝试一下的勇气都没有，自然更谈不上探索和提高。

一个人的成就决不会超出他自信所能达到的高度。

据说拿破仑亲率军队作战时，同是一支军队的战斗力，便会增强一倍。原来，军队的战斗力在很大程度上基于兵士们对于统帅的敬仰和信心。如果拿破仑在率领军队越过阿尔卑斯山的时候，只是坐着说："这件事太困难了。"毫无疑问，拿破仑的军队永远不会越过那座高山。拿破仑的自信和坚强，使他统帅的每个士兵增加了战斗力。所以，无论做什么事，坚定不移的自信力，都是达到成功所必需的和最重要的因素。

有一次，一个士兵快马加鞭给拿破仑送信，由于跑的速度太快，在到达目的地之前猛跌了一跤，那马就此一命呜呼。拿破仑接到了信后，立刻写封回信，交给那个士兵，吩咐士兵骑自己的马，从速把回信送去。

那个士兵看到那匹强壮的骏马，身上装饰无比华丽，便对拿破仑说："华美强壮的骏马不配给我这样下等的士兵享用。"拿破仑回答道："世上没有一样东西，是法兰西士兵所不配享有的。"

是的，世界上到处都有像这个法国士兵一样的人。他们以为自己的地位太低微，别人所拥有的种种幸福是不属于自己的，以为他们是不配享有的。这种自卑自贱的观念，往往成为不求上进、自甘堕落的主要原因。

第六课　提高自控力：
我的情商我做主

　　我们所有的人都会有这样的感觉：有的时候，自己的情绪失去了控制。面对这种情况，最重要的一点是知道如何重新控制它，即你要有强大的自控力。

　　哈佛情商课阐明，情商对人们的幸福感和满足感有极大的影响。不能熟练使用情商技巧的人缺乏有效管理情感的方法，任由情感驱动自己的行为，结果造成恶性循环，会双倍地体验焦急、抑郁，甚至产生自杀的想法。而那些能熟练实践情商技巧的人们，在他们所处的环境中将感到更加自在、更加舒服。

控制感情的基础知识

当人的情感超越了理性，与其进行积极有效的沟通是很困难的。愤怒的情感就像个小偷，偷走了你大脑的一部分，偷走了你的部分理智，让你说出了一些事后感到懊悔的话，甚至做出一些伤害感情的事。因此要充分认识控制感情的好处，掌握控制感情的有效方法。

首先，我们要有对控制感情的全面认识。

控制感情，对我们来说是有很多好处的：

(1) 面对挑战性的个人和环境选择较好的应对措施。

(2) 当你必须面对压力时变得更加冷静和平和。

(3) 帮助别人缓解愤怒情绪。

(4) 避免粗暴的行为和语言。

控制感情的挑战有下面三条：

(1) 控制自己的愤怒。

(2) 控制别人对你的愤怒。

(3) 控制压力和消极情绪。

控制感情分为两个阶段：

阶段 1：在对别人生气作出反应之前，重要的是设法控制自己的情绪。

阶段 2：当别人恼怒、沮丧并开始向你发难时，你自己应准备好恰当的应对措施。

控制感情的方法有三种：欢迎感情、融合感情、改变感情档位。

第一种，欢迎感情

感情并不总是受欢迎的，因此很多时候我们都在主动压抑自己的感情。有时，压抑感情是有意义的，那是因为我们没办法加工出现的感觉，所以我们就选择忽视这些感情以及感情中包含的信息。但如果这种压抑成了一种习惯，我们就会失去感情所包含的信息价值。

因此在其他时候，我们必须让自己体验一种感觉，甚至是欢迎这种感情，不管它是意料之外的、不受欢迎的还是令人不快的。如果选择不去体验这种感觉，我们则要浪费很大的精力。试想，如果我们哀悼一位挚爱的朋友却努力压抑自己的悲伤会怎样？这种压抑恐怕不会起作用。

第二种，融合感情

感觉糟糕可能成为好事，感觉很好也可能成为坏事——这完全取决于环境、涉及的人以及你的目标。有时，保持一种不快的情绪是有好处的；有时，迅速振作起来，变得快乐或者中性却尤为重要。亚里士多德曾说过："任何人都可以突然生气——这很容易。但是，要对合适的人、以合适的程度、在合适的时间、为了合适的目的并以合适的方式生气并不容易。"

我们要对自己的感情作出明智的选择。这样做就意味着我们要将感情和思想统一在我们的行动中，要求我们对感情保持平衡、平和的心态，既不将感情压在意识表面之下，也不能过分夸大感情的重要性。不能做到以上两点的话，就说明我们太理性了或者太意气用事了，感情平衡的目标是有理性的激情。

这并不是说我们绝不应该体会或者根据强烈的感情采取行动。事实上，在很多时候，这样做是很明智的选择。例如感到快乐时，我们唱歌跳舞来庆祝，这种快乐可以表现得淋漓尽致。当发生暴力的人身攻击时，我们愤怒的感情会一触即发并且不断加剧，这就促使我们采取行动来保护自己不受攻击。

第三种，改变感情档位

如果你认为自己不会改变感情档位，那么你就错了。在现实生活中，谁都遇到过这种情况：起初感情很强烈，然后马上改变了自己的感觉方式或行为方式。例如：你正朝着一个同事或家人大喊大叫，突然电话响了，你拿起电话时则会很平静地说："你好！……"

在此基础上，可以通过练习来改变感情换挡的技巧。参考下面的三个步骤：

（1）试想一个感情情景：在头脑中勾勒某个情景，你自己处在这种感情状态中。想象一种打扰了这个情景的事情如电话铃声、敲门声、别人喊你的名字或者有人走了进来。

（2）当这些事情发生时，你的感觉是怎样的？

（3）为了改变你当时的举动，你能够做些什么？

我们需要保持大脑的平静，有如下几步：

第一步，首先应了解你为什么生气，是什么导致情绪失控。

（1）当你感到没有选择和机会时。

（2）当你处于身体和感情的困境时。

（3）当你受到不公平对待时。

（4）当你由于犯错误而对自己失望时。

（5）当某事或某人阻碍你的意愿时。

（6）当你感到某人与你的价值观相悖时，如对你撒谎。

（7）其他。

第二步，分三个步骤来控制感情。

这些关键的步骤仅花费几秒的时间就能够在控制感情和爆发怒火之间造成不同的结果。这些步骤能够帮助你冷静下来。

（1）放慢你的呼吸频率，温和地说话，做一个深呼吸并放松。

（2）了解你的情感。你是否感到难堪、被冒犯、受惊吓或感到迷惑？要知道是哪些特定的环境导致你情感失去控制。例如，当你为如期完成任务而冲刺时，你可能变得烦恼不堪。

（3）了解导致你生气的真正原因。你是否因为被无辜地指责而感到难过？

准备一套方案来应对把你作为出气筒的人。该方案是一个行动计划。如果你有一个应对计划，你就会较容易地控制感情。一旦你感到心情平静，你就能使用 UART 模式。UART 系统是一种用来对付发怒者的有效方法。

U：Understand（理解）

A：Apologize（道歉）

R：Resolve the Problem（解决问题）

T：Take a Break（休息一会）

（1）理解。认真而冷静地倾听，让发怒的人谈出他的感受。用你自己的话复述一遍你认为生气的人想说的内容。

（2）道歉。大多数发怒的人认为他们受到了不公正对待。他们在接到诚挚的道歉后，怒气会小一些。

（3）解决问题。竭尽所能解决问题。如果你不能马上解决，请解释你能够做什么以及将在什么时候彻底解决这个问题。大多数时候，人们的火气会在这种交谈中消失掉。如果他们仍在生气，而你已经开始感到你的情绪正在失去控制，这时请你采取下一个步骤。

（4）休息一会。你如果感觉到下面一种或多种情况即将发生，就是到了该休息的时候了：

情感变得危险。

你将要说出一些令你后悔的话。

对方开始喊叫，脸胀得通红。

你无论说什么或做什么都没有用。

你或对方的情感正失去控制。

休息的时间可以从 5 分钟到 24 小时不等，地点可在任何地方。你可以这样说："我需要几分钟来确认一些事。我们彼此都花几分钟时间再想一想，我们可以 15 分钟以后再谈吗？"

当遇到不可避免的情况发生时，高情商的人会积极地面对否定他的人。如果你在生活中以积极和客观的方式对待一个否定你的人，你将帮助他明白，其行为是如何影响别人以及他自己的事业成功的。事先准备一套办法会使这种面对更有效。这套办法应该包括对此人行为的客观描述，并真诚地解释他的行为是怎样影响你的感情的。

设想哲日米是一个否定者而且是你项目团队中的一员。他经常抱怨什么都不如人意，对任何改进措施都大挑毛病。他对工作非常不满意并且他的态度影响了团队的其他成员。

以下是一套可行的应对方案：

(1) 给你自己一个积极的信条。

例如："我能与哲日米谈论他的消极态度及其对我的影响。"

(2) 客观地描述哲日米的行为。

例如："当我们提出一个解决办法时，你说它为什么不会有用。"

(3) 描述他的消极态度怎样影响你。

例如："我感到苦恼，因为我们没有把足够的时间花在怎样让项目运转起来上。相反，我们把时间用在了分析解决方案的错误上。"

(4) 如果这个人的消极行为没有改变，告诉他你准备做什么。

例如："如果你继续这样做，我就让你知道我的感受。而且，我会在没有你参与的情况下完成任务。"

（5）遵守你的承诺。

如果压力持续了较长的时间，人的身体将在体力、精神和情感方面变得筋疲力尽。长期的压力会干扰大脑的注意力和逻辑性。这使得你更加难以应对生气的同事、沮丧的客户和总在发号施令的上司。当你身心健康的时候，或者积聚你的个人能量，你可以有效地处理各种压力。

能量源在你的大脑中创造出产生良好感觉的化学物质（内分泌）。这些化学物质使你情绪高涨，让你感觉良好。

（1）能量源1：锻炼。锻炼可以增加你的心跳和呼吸的频率，可以使你出汗。许多健康专家建议每天活动20~40分钟，每周活动3~5次。即使活动量很小也是有帮助的，并且活动随着年龄的增长日趋重要。一个有效的活动计划可能是每周有5次每次半个小时轻松的散步。

（2）能量源2：大笑。幽默感对你和别人都是重要的。你是否因看戏剧、电影或听笑话而捧腹大笑？捧腹大笑可以增加心跳、加速呼吸、增加大脑中的内分泌激素。注意不要拿别人取乐，但是要和他们一起从每天的事件里寻找快乐。

（3）能量源3：关心。关心是与别人积极的情感接触。积极的情感接触包括给予或接受支持、鼓励以及帮助别人。给予的爱和关怀会在大脑中形成产生好感觉的化学物质，使给予者和接受者都从中获益。

情绪智力是指能够理解自己的情感，对他人的感情感同身受的能力以及为了改善自己的生活控制情绪的能力。情绪智力涉及很多内容，但主要包括五个方面：

（1）自我知觉：能够了解自己的心情、情绪、需要及对他人所产生影响的能力。自我知觉还包括利用直觉做出能够使自己快乐生活的决定的能力。

（2）自制：能够控制冲动，排除焦虑，将气愤情绪控制在合理范围内的能力。自我控制能力高的人在事态没有按照计划发展的时候能够有效控制过度发脾气的行为，进而避免造成不必要的损失。情绪自控能力差的人往往不能成就事业。

（3）自我激励：能够发现工作的乐趣，而不仅是为了金钱和地位而工作的能力。自我激励能力往往包括良好的恢复能力、持久的生活热情、坚忍不拔的毅力以及乐观精神。

（4）移情：能够对他人非语言表达的情感作出反馈的能力，也指根据他人的情绪反应做出相应反馈的能力。移情之所以重要是因为工作中有许多情况需要对他人的情绪做出恰当的反应。

（5）社会技能：能够有效建立人际关系网络，管理人际关系，并且营造良好人际关系的能力。

虽然有许多项目旨在帮助人们提高自己的情绪智力，但是越早发展这种能力对个人的发展越好。因为情绪智力形成和发展的重要阶段是儿童时期，当然人们在成年后也可以学习如何提高自己的情绪智力。对于广大的成年人来说，虽然我们已失去了儿童这一宝贵的情绪智力发展时期，但"亡羊补牢，犹未为晚"，只要采取积极有效的方法，相信个人的情绪智力会有较大提高。

对那些能够表明你生活中感到威胁的领域，我们把它们称为"情绪香蕉"。这一观点产生于亚洲一些偏远地区捕捉猴子的一种普遍使用的方法。为了捕捉到猴子，猎人在丛林的地面上绑上一个小柳条笼子。笼子的口很小，仅仅允许猴子空着手伸进去并抽出来。猎人在笼子里放上一两根香蕉，当猴子看见时，就会把手伸进去取香蕉。但是，当它手上拿着香蕉时，它的手就抽不出来了，于是它就很容易被猎人捕获。人没有什么不同——我们死死地抓住我们的情绪香蕉不肯松手，因为我们感到失去了它们就会有威胁。情绪香蕉常见的内容包括如下：

（1）对身份地位的渴望。

（2）需要得到他人的爱和尊重。

（3）控制欲的需要。

（4）对得到承认的渴望。

（5）对不舒适的逃避。

感情的自我调控

有一首歌唱道，"我必须发泄自己内心的各种情感"，但是这并不意味着你也非得要按照演唱者的做法如法炮制。毕竟，我们可以发挥自己的作用，帮助自己处理好各种情绪，因为我们具备自我调控的能力。

1997 年重量级拳王争霸赛上，泰森怒不可遏，咬掉了霍利菲尔德的一小块耳朵。这一咬，咬掉了他 300 万美元。这是拳击赛事中的最高罚金，从他那 3 000 万美元的进账中扣掉。此外，他还受到了停赛一年的处罚。

在某种意义上讲，泰森也是大脑报警中枢短路的牺牲品。大脑报警环路位于原始的情感大脑，即围绕着脑干的一系列神经组织，也就是我们所熟知的边缘系统。进入情感紧急状态时，它起着关键作用，使我们"迅速行动"。

我们来看一下产生短路的生理原理。

大脑前额叶是执行中枢，通过神经高速公路与杏仁核直接相连。这些杏仁核与前额叶之间的神经网络起着大脑的报警作用，这个结构在人类进化的几百万年中，对人类生存有极重要的价值。

杏仁核是大脑的情感记忆库，保存着我们的胜利与失败、希望、忧虑、义愤、沮丧等的所有感受。它将这些贮藏的记忆作为警戒哨，扫描所有传入的信息——我们每时每刻的所见所闻，并将这些发生的情况与我们过去经历的贮存模板匹配，以评估信息是威胁，还是机遇。

就泰森而言，他认为在 8 个月前的拳王争霸赛中，霍利菲尔德也干了同样的事。霍利菲尔德曾用头顶撞他，使他怒火冲天，念念不忘。那次，泰森输了，大为不满，曾大吵大闹。接下来的结局就是泰森这次的杏仁核短路，瞬间的反应，招致了灾难性的后果。

进化过程中，杏仁核极可能就用其记忆模板来对付诸如"难道我就坐以待毙？我能否逃生？"这类与生存休戚相关的问题。要回答这类问题，必须对当时的局面有着敏锐的判断力，并马上不假思索地行动。应停下手中的事情，慢吞吞地考虑，再作出反应只会招致灭顶之灾。

大脑应急反应依然遵循古老的策略，即增强感觉的敏锐性，停止复杂思维的运行，激发机械自动的反应。尽管这种反应模式在现代生活中可能有着明显的缺陷，大脑依然我行我素。

压力把我们逼得快发疯时，再遇到事情当然是糟透了，或至少是相当让人烦躁恼火的。当压力一个个接踵而至时，就不再是简单地累积了。此时，人们感到承受的压力成倍地增长。结果，每一个新增的压力都令人更难忍受，"加一根稻草就会压垮骆驼"，我们濒临崩溃。这形象地说明了为什么平常并不在意的小麻烦却突然间变成了摧枯拉朽的压力的情形。

对躯体来讲，在家与上班两者并无特别差异。但不论压力来自何处，都会一点点积累起来。如果我们已经处于过分紧张的状态，那小小的一点烦恼也会把我们推进深渊。这里有着生化因素：当杏仁核敲击到大脑的"恐慌键"时，就会诱导一种叫做促皮质素释放因子的激素不断地分泌出来，最后，产生出大量的紧张激素，主要是皮质醇。

紧张时分泌的激素达到一定程度时，就发出或是战斗或是逃跑的命令。而且激素一旦开始分泌，就会在体内存留数小时，随后的每件烦恼事都会给原来的激素增添新的紧张激素。激素不断积累使杏仁核一触即发，遇到一点点小挑衅，就会勃然大怒，或惊恐万状。如果继续保持压力，最后的结局很可能就是爆发，或出现更糟的情况。

压力的来源有很多，大致可以归为下列四个方面：

（1）重要的生活事件，诸如爱人逝世、结婚、生孩子、买房子、失去工作或离婚等。

（2）持续而不可预见的变化，如与上司的关系不好、难以完成的工作任务、不顺心的工作环境。

（3）日常的烦恼，如把东西丢失或放错地方、堵车、担心失业或有太多的事情要做等。

（4）工作中人际关系紧张，如与同事、管理层或顾客的关系。

压力不能取消，但能够被缓解或驾驭。情商高的人应用下面的策略来缓解或驾驭压力：

（1）通过锻炼、休息和加强营养满足身体需求。

（2）保证足够的睡眠。

（3）与家人和同事建立积极的人际关系。

（4）每天都做一些自己喜欢的事。

（5）在工作、家庭和休闲时间增强自己的满意度。

（6）依靠发现新的方法洞察变化，为自己和别人提供积极的信息。

（7）午餐时间彻底放松，在这段时间里避免想或做任何工作，如可以散一会儿步，与朋友交谈，看一会儿书或伸伸腰。

（8）花几分钟时间想象一下让人得到休息和宁静的地方，如海滩或小溪流水。

下述问题如果你的肯定回答在 4 个以上，请考虑向资深专家、心理医生寻求帮助。

（1）你感到每天有 4 次以上跟别人生气或被别人激怒吗？是 否

（2）近一年里，你是否对工作和个人生活中的大多数事情变得漠不关心？是 否

（3）你是否在大多数时间里感到情绪低落和不愉快？是 否

（4）你是否在工作中遇到了很多麻烦？是 否

（5）你是否感到大多数人都不想与你交谈？是 否

（6）你是否在大多数时间里感到疲倦？是 否

（7）你晚上睡觉是否失眠？是 否

（8）你的饮食是否出现问题？吃得太多、太少或是食不甘味？是 否

（9）你是否总为某些事情担心？是 否

（10）你是否总是感到孤独？是 否

你是否经常感到自己不能再承担更多的工作？你在需要说"不"时是否难以启齿？如果你承担了更多的工作责任而没有管理你的工作量，你可能发现你的工作变得缺乏价值和没有乐趣。长此以往，保持积极和乐观的情绪就会变得很困难。学会恰当地利用自信，并把整件事变成可以管理的多个部分。

按照下面的方法对你的领导和同事诉说：

（1）描述你不堪忍受的工作责任。

（2）解释你和你的工作是如何受影响的。

（3）提供选择。

（4）作出承诺。

典型方案 1

"我知道我们的时间很紧张。现在压在我身上的工作量太大，工作的质量已难以保证。你能否告诉我所有项目的优先顺序？如果允许的话，我将尝试发现捷径。我的目标是恰当和按时地完成每件事情。"

受益一生的哈佛情商课

典型方案 2

"我们一直忙于更新计算机系统，现在看看能否把整个项目分成多个容易管理的部分。我们每一个人都有自己的强项，或许我们可以把工作分成不同的部分。我们中的一些人能更好地使用新的软件程序，让我们看看我们怎样互相帮助。"

通常，前额叶会抑制杏仁核扫视信息时出现的冲动，并以它对生活规则的理解，用它认为是最巧妙、最妥当的反应来处理这些未经分析的冲动性判断。这项功能主要归功于一种只会说"不"的神经细胞。

由于杏仁核是大脑的报警装置，它有能力抢先于前额叶作出它认为是紧急情况的应急反应，因此，前额叶不可能在杏仁核反应之前迅速地直接作出反应。然而，前额叶有一组抑制神经细胞，可制止杏仁核急匆匆发出的指令，就像输入关闭家中安全系统错误报警的密码一样。

我们来看一下什么是自我调控能力。

1．自控力。

具备这种能力的人：

（1）能控制其冲动情绪及痛苦的心情。

（2）即使在最难熬的时刻，也能保持振作、乐观、沉着冷静。

（3）身处逆境时，能保持头脑清醒，注意力集中。

2．诚信。

具备这种能力的人：

（1）做事讲道德，无可挑剔。

（2）因可靠和踏实而赢得信任。

（3）勇于承认过失，敢于指出他人不道德的行为。

（4）即使不受欢迎，也毫不动摇，坚持原则立场。

（5）遵守合同，信守诺言。

（6）为完成目标，尽责尽职。

3．尽职。

具备这种能力的人：

（1）工作安排有条不紊，小心谨慎，仔细认真。

（2）严格遵守作息时间。

（3）严于律己，办事可靠。

（4）工作从不拖拉耽搁，创造出较高的工作业绩。

4．适应力。

具备这种能力的人：

（1）能得心应手地处理多种需求、做事有轻重缓急。

（2）能应付突发事件。

（3）能及时作出反应，改变策略，以适应瞬息万变的形势。

（4）处理事情通权达变。

5．创新。

具备这种素质的人：

（1）能在浩如烟海的信息中，努力寻找新想法。

（2）敢于质疑原有的解决方案。

（3）敢于提出新观点、新想法。

（4）敢于冒风险，接受新观点。

调适和疏导负面情绪

斯坦福大学的研究人员用两组儿童做过一个"糖果实验"：研究人

员把 4 岁的小孩一个接一个地带进房间里，并把一粒糖放到他们面前的桌上，告诉他们："你们现在想吃这粒糖，就吃。但如果你们能等我出去办完事回来后再吃，那你们就可以吃到两粒糖。"

大约 14 年后，当这些孩子高中要毕业时，研究人员再次把那些马上就吃掉糖果的孩子与等待老师回来得到两粒糖的孩子相比较。相比之下，前一组孩子更容易被压力压垮，动辄就生气发怒，常与人打架斗殴，追求自己的目标时抵制不住诱惑。

最令研究人员吃惊的是意外发现：与抵制不住糖果诱惑的孩子相比，那些能等待的孩子在总分为 1600 分的大学升学考试中，比平均成绩高出 210 分。

这些孩子在长大成人、走上工作岗位之后，差异更加明显。那些在童年就能抵制糖果诱惑的孩子到他们二十八九岁时，学到了更多的知识和技能，做事更专心，更能集中注意力，更能建立起真诚且亲密的人际关系，办事更可靠、更具责任心，面对挫折，也显示出较强的自控力。

相反，那些在 4 岁时就不能控制自己，迫不及待抓糖吃的孩子在这时的认知学习能力较差，情感能力比那些能控制自己的孩子更是差了一大截。他们较孤独，办事也不令人放心，做事不专心，在追求目标时，只顾眼前的满足。遇到压力时，他们的承受力或自控力都较差，也不知临机应变，而是重复做些无用功。

要说明为什么冲动会使学习能力下降，还得回到杏仁核与前额叶这个话题。作为情绪冲动的源头，杏仁核也是注意力分散的根源。前额叶是贮存工作记忆的部位，能使个体把注意力集中到眼前正思考的事情上。

如果被情感冲动所控制并达到一定程度时，人们在工作记忆中留给注意力的空间就非常小。对学龄儿童来讲，就可能是不专心听老师讲课、不认真读书及完不成家庭作业。如果这种情况持续下去，年复一年，学习成绩自然就差了，大学升学考试成绩当然也可能差一大截。对参加了工作的人来说，同样如此。冲动与注意力不集中阻碍了学习或适应能力的发展。

糖果试验的结果充分揭示了不能控制情感的代价。

情感自我调节不仅包括缓解痛苦或抑制冲动，而且也指根据需要能有意识地激发出一种情绪，有时，甚至是一种不愉快的情绪。例如，医生要告诉病人或其亲属不幸的消息时，他们往往把自己也置于一种忧郁、难过的心情。同样，殡仪馆的殡葬员在与死者家人见面时，也使自己表现出一种悲伤难过的神情。在零售或其他服务业，到处都要求服务员礼貌友好地接待顾客。

有人认为，若要求员工表现出某种情绪，实际是迫使员工为了保住饭碗，不得已而付出的一种沉重的"情感劳动"。如果老板命令员工必须表现出某种情绪，结果只会使员工自然表露出来的情绪与其要求背道而驰。这种情况叫做"人类情绪的商业化"，这种情绪商业化表现为一种情感专制的形式。

如果仔细地考虑一下，就会发现这种观点只说对了一半。决定其情感劳动是否沉重，关键在于人们对自己工作的认同程度。如一个护士自己认为应当关心他人和富于同情心，那么，对她来讲，花些时间以沉痛的心情体谅患者就不会是包袱，而且会使她觉得自己的工作更有意义。

情绪自我调节的观点并不是说要否认或压抑真正的情感。例如，"坏"心情也有其用处。生气、沮丧、恐惧都能成为创新力量或与人接触的动力。愤怒可以变成强有力的动力，特别是希望消除不公正或不平等时。共同分享悲伤，可以使人们凝聚到一起。只要不被焦虑所压垮，因焦虑而产生的急迫心情也可以激发人们的创新热情。

情绪的自我调节也不是要求过度压抑或控制一切情绪和自发的冲动。事实上，过分压抑会造成身体和心灵的伤害。人们在克制自己的情绪，特别是很强的消极情绪时，心跳会加快。这是紧张增强的一种征兆。如果长期这样情绪压抑，就会干扰思维，妨碍智力，影响正常的社交往来。

在感到绝望时，如何能够在自创的故事中获得希望将是十分有益的。

（1）回忆一段你处理得很好的感情冲突——这起冲突涉及你和另外一个人，起初情况很棘手，如果处理不好可能产生十分严重的后果，但是，最后问题得到了很好的解决。

（2）涉及的人是谁？

（3）描述当时的一些细节。

（4）产生感情冲突的原因是什么？

（5）每个人（包括你自己）都做了些什么？

（6）解决问题的途径是什么？

（7）你从中学到了什么？

（8）感情危机得到解决的时候，你的感觉是怎样的？

（9）记下当时的具体情况。在笔记中要包括感情词汇，用你的笔记讲述一段你自己的故事，故事要能够引起强烈的回忆和希望。

这个故事就成为了在艰难时期鼓舞你产生积极情绪的工具。最好你可以迅速地并且绘声绘色地把这个故事讲一遍。即使你只是想起了这个故事的情景和感觉，你就已经朝着积极情绪的方向迈进了。

研究表明，发怒是由内心的愤怒所产生，那么很明显，在失控状态不断升级以前，及时拦截它，就显得非常重要。为了做到这一点，我们首先需要认识产生愤怒的原因。人们经常通过散步休闲、阅读、看电视、听音乐，或做一些放松性活动来拦截自己的愤怒情绪。另一个颇为有用的技巧是，假设你认识某个对压力具有良好自控能力的人，研究他的控制方式并询问自己：如果处于我现在这样的情景中，他会怎样做或怎样说呢？

影响情绪增长的一个重要因素，是内心的自我对话。当遇到麻烦时，我们也许会陷入一系列的愤怒思考中。例如，责备、怨恨或作出"我要报复你"的回应。为了有效地制止这些消极的回应，应该尽快对这些不健康的想法亮"红灯"，使自己的心灵迅速进入平静状态：

（1）回忆你过去曾经经历过的愤怒时刻。重新体验你当时的所有思想、情绪和行为。

（2）想象你的面前有一个巨大的红灯，在你的内心世界里大声疾呼"停止!"

（3）现在做一个深呼吸，想象自己正在把所有的消极念头和情绪都吐出去。

（4）想象自己越来越平静，放松片刻。在这种安宁的气氛中走进自己的身躯，重新体验你在愤怒时曾经拥有的想法、情绪和行为。

（5）如果需要，反复做这一练习。

情绪自我调节的诀窍

我们非常喜欢用火山爆发来比喻人们发怒的情形，但火山是没有生命的，受自然物理力量的驱使，除了爆发之外，自己一点作用都发挥不了。可是，我们是人，我们可以发挥自己的作用，帮助自己处理好各种情绪，因为我们具备自我调节的能力。

接纳自己的情绪，与你的情绪状态一起投入到工作中，而不是沉浸在情绪状态中无法自拔。当一种情绪产生时，与其想着"我必须现在处理自己的情绪"，或者"我必须把压在胸口的情绪发泄出来"，倒不如试着换一种思维方式："我真的要现在就处理自己的情绪吗？"或者"我真的要处理自己的情绪吗？"又或者"我如果现在处理自己的情绪，要付出什么代价？"通过延迟获得满足，抑制你的冲动，你实现了对自我进行良好的控制。所以，与那些一遇到各种情绪、本能驱使就马上陷入其中、无法自拔的人相比较，你的优势立刻就体现出来了。

情绪调节是否存在着一个下限呢？有没有可能过于强调对情绪的控制，而出现情绪控制过度的情况？我们都熟悉那些不能或者不愿意表达内心感受的人，并且，经常会给他们贴一些标签，如"保守的"、"冷冰冰的处女"、"木头人"等。把不善于表达情绪、情感的人当作笑料，取笑他们，是件很容易的事情。同样，众目睽睽之下掉眼泪、哭泣，也不难做到。对于我们来说，应该记住一个普通的规则，那就是：尽管内心有些情绪让你或者他人感到无比的沮丧、厌倦和吃力，但是设法控制住你的各种情绪状态，总是一个更为上乘的选择。

总之，自我调节关注的是，寻求达到一种平衡。在情绪的调节过度与调节不足两者之间，就如同有一个金矿那样值得我们去探索，这个金矿的位置要更接近情绪调节过度这端，稍偏离于情绪调节不足。

自我调节是有诀窍的。

1.延迟评判：抑制冲动

你越挑剔，你就会发现有越多的事情让自己感到生气。举个例子，如果你觉得甚至连道路上穿行的各种各样的车辆，如飞驰而过的小汽车、只有一个前灯的车、在人群通道中间拱起来的长途公共汽车等，都会让自己感到非常愤怒与不适的话，那么，你已经离"道路狂躁症"不远了。如果你偶尔延迟对事情发表意见，而不是马上给予判断，那么你的生活肯定会轻松简单很多。

当然，如果加以正确合理的引导，我们的各种本能可以给我们的生活带来许多开心无比的瞬间。例如，一些朋友带着礼物不期而至，他们是想为彼此多年的深厚友谊庆祝一番。也许当时你的反应是，不假思索地把自己珍藏多年的佳酿拿出来与朋友分享；接下来发生的便是让人感到非常美好的一晚。我们在这个例子中看到的是冲动行为好的一面。但是，如果你养成习惯，总是冲动行事，草率地作出许多决策，那么你的烦恼也就开始了。

抑制冲动需要灵活处理。接受"一直数数数到 10（或者甚至是到100）"的建议，是个不错的主意。所以，为什么不愿意投入部分时间，检查一下自己曾经因一时感情冲动而做出的一些失去理性的行为呢？在此过程中，深入反思这些行为给你和其他人带来了哪些后果。也许你会发现，许多过去引起你做出冲动性行为的因素，在事后看来是显得如此微不足道。往往是那些在冲动之下作出的重大决策，结果证明其代价惨重。例如，许多人只是考虑到经济因素，没有认真看房子，或没仔细考察过房子所在地区的环境、条件如何，就匆匆地把房子给买了下来。还有，只是因为夏日度假，而举家搬迁到海边去住，结果发现那里冬天太冷、太静，不适宜居住而犯了一个重大的错误。因此，要注意你内心深处那些不受约束的各种本能、冲动！防止它们影响你作出正确的判断。

2.搁置问题：转移注意力

当人们被激怒时，通常身边的人会劝他们说"别把事情放在心上"，无论是什么让他们感到不幸、忧伤，都要把注意力从那些事情中转移出来。实际上，这是在建议他们"把问题先搁在一边"，如果实在没办法，非处理不可，那么等他们的情绪平静下来，心情好一些时再回来解决这些问题。例如，住在楼上的人直到深夜还在大声地播放音乐，让你根本无法入眠；或者你的一个邻居拒绝把挡住光线的栅栏拆掉。这些小小的刺激都能成为你的困扰、碍眼之物，让你变得心情焦躁不安。在遇到这种情况时，有没有一种显得比较聪明的应对方式呢？如果有的话，会是什么？

你需要做的是，努力尝试着把激惹你的那些人或者事先放在一边，暂时不去理会，最好等你对问题有了一个新的看法时再回去处理它们。当然，说比做要容易得多，而且你也不可能对问题完全置之不理，因为问题摆在那里不去解决的话，事情不会有任何的改观。这就是为什么有的时候，在不做出任何反应过激行为的前提下，你需要适当表达自己的不满和委屈，让他人知道你对事情的感受有多么强烈。但是，你也应该意识到，自己有充分的理由，应该及时克服困扰你的问题，不让它进一步对你造成影响。因为河流最终会汇入大海，所以，你也不用在问题发生以前袖手旁观、一直等待，可以先做一些未雨绸缪的预防工作。这种意识能给你带来一种内心的安宁感，可以把这种状态称为"沉着的乐观主义"。对于那些容易被激怒的人来说，值得努力去达到这种状态。

另一种方法是，学会按照事情的轻重缓急来安排时间，而不是同时完成所有的事情，成为一个做事情有轻重之分的人。想一想你的生活，以及你正在努力应对的事情。你是按照事情的轻重缓急来安排时间呢，还是只是企图同时完成所有的事情？如果是后者的话，你意识到自己正处于紧张的状态吗？有没有一些事情是你可以暂且不管的呢？有没有一个问题是你能够转移自己的注意力，把它先放在一边的呢？

如果你会思考以上提出的问题，你就会体会到：常常是因为我们经常想把太多的事情同时做完，这让我们感到紧张、不安和冲动。所以，如果花一些时间好好想想，把我们要做的事情按照轻重缓急安排妥当的话，必然有些事情将会放到后面再进行处理，而有些问题甚至会被完全抛开不理。因此，如果我们认为某些事情相对显得没有那么重要，为什么我们还要花时间去认真处理它们呢？为什么还让这些事情给我们的情绪带来种种不好的影响呢？为此，请接受这样两个建议："有序地把你的事情安排好"以及"保持一种协调感"。

3.坚定果断而非盛气凌人地表达自己

硬起心肠让自己变得坚定果断一些，不屈服于害羞、难为情等不良情绪，也是一种有效的调节方法。但是这个过程存在的危险是，你表达自己行为坚定、果断的决心过于强烈，让你的感性情绪占了上风，行为变得盛气凌人或者退回到原来的地步，结果再次令你未能抓住机会表达自己。

所以，明确区分行为的果断与攻击这两种形式是一件非常重要的事情。果断涉及尊重你自己和其他人的各种需要及感受。当你以直接、真诚的方式表达自己的想法、情感和信念，而没有侵犯到他人时，说明你行为坚定果断。相反，当你的表达方式羞辱、轻视了对方，或者让对方无法接受的话，说明你的行为极具攻击性。攻击性行为的一个共同形式以及表现出来的懦夫特征在于：让他人出丑的动机非常明显，随便说出伤害他人的话，不考虑任何的后果。换句话说，发出攻击性行为的个体只是考虑到自己，很少或者根本没有顾及他人的想法和感受，表现出来的行为说明他们既缺乏自我调节，也缺少对他人的同理心。

但是一旦你学会坚定果断地表达自己，很快就能形成一种习惯，从而让他人能够更好地明白你、理解你，这在某种程度上看来，具有相当的解放意义。因此，沉着冷静并有礼貌地说出你的想法，会让你觉得在情感上好受一些，更有力量一些。

4.保持灵活性：顺其自然，对事情不要过于强求

正如一个刚硬的物体比一个柔软的物体容易被折断那样，固守某些观点或者坚持某一特别的行径，不顾及其他人在做什么，不管是对你个人还是其他人，都容易导致情绪上的痛苦抑郁。还有的时候，在某些情况下你也许并不能如愿以偿达到自己的目标。为了让自己的情绪保持安宁稳定，你最好能够认清事实，并且接受事实。对事情过于强求，有的时候一点意义都没有。因为你越是强求，你就越会觉得沮丧，这是在"拿自己的头往砖墙上撞"。那么，遇到这种情况该怎么办？情感表现得比较聪明的一种应对方法是，重新检查一下自己制定的各个目标，并且看看你寻求达到这些目标的途径是否恰当。条条大路通罗马，实现某个目标可以同时有不同的渠道。所以，改变你现在的处事方式可能是一个更好的选择。

同时，你还应该记得，无论在什么时候都要尽量让自己保持一种均衡感。在我们的日常生活中，有许多决策都是在没有充分考虑后果的情况下作出的，所以，如果最后决策的走向与自己的预期或意愿并非完全一致的话，也并不值得为此焦躁不安。这里有一些例子：今晚该吃肉还是吃鱼？该向左转还是向右转？该把鸡蛋用开水煮熟，还是去壳后水煮荷包蛋？谁在乎这些问题呢？也许只有你。如果你属于那种对任何事情或所有的东西都盯得很紧，并且总是对达不到自己的要求、不符合你的心意的状况感到无比沮丧与生气的人，那么请尽量让自己变得随和一点，这样你将会发现自己在情绪上的损耗和激怒会减少很多，你也能更加深刻地体会到"顺其自然"的价值所在。

提高自我意识

关于情绪智力的研究，专家认为自我意识是情绪智力的一个关键方面，与智力相比，它对于预测人的成功更为有力。自我意识是掌握自己的核心能力，自我管理首先依赖于自我意识，其他技能也与自我意识有密切联系并建立在自我意识的基础之上。例如，发展自控、明确优先级和目标，以及帮助个体建立自己的生活方向。

自我审视的功能是为顿悟建立基础，没有自我审视，就不会有成长。

顿悟是"哦，我现在知道了"的感觉，它必须有意识或无意识地先于行为的改变。实现顿悟——对自己现实的、坦诚的审视，了解自己真实的样子——有很大困难，并且有时你会体验到精神上的痛苦，但它们是成长的基石。因此，自我审视是对顿悟的准备，是自我理解的种子破土而出，逐渐发展成为行为的改变。

自我了解是提高管理技能的核心。

除非或直到我们知道自己现在所具有的能力水平，否则我们不能提高自我或开发的能力。大量证据表明，那些有更好的自我意识的人更为健康，在各种角色上更为出色。

另一方面，自我认识可能会阻碍个人提高而不是促进它。原因在于个人会频繁地逃避有关成长和新的自我知识。为了保护自己的自负或自尊，人们抵制获取额外的信息。如马斯洛所指出的：我们往往害怕任何将使我们轻视自己或使我们感到卑微、虚弱、无价值感、邪恶和羞耻的认识。我们通过压抑和类似的防御机制来保护我们自己和我们的理想形象，这是我们用以回避知觉为不愉快或危险的真相的必要技术。

因此寻求自我了解看起来是一个谜。它是成长和提高的前提条件和激励因子，但它也可能阻碍成长和提高。

关注自我意识的另一个重要原因是，它可以帮助人们发展判断和自己交往的其他人之间重要差异的能力。有大量的证据表明，管理的有效性与人们是否有能力识别、鉴赏以及最终利用人们之间存在的关键而重要的差异紧密相关。

自我认识会帮助个人理解自己认为理所当然的假想、触发点、舒适区、优势和不足，这种了解对于所有人都是有用的，它能帮助我们在与其他人交往时更有效和更有洞察力。它也能帮助个人更为完整地理解自己的潜能在将来的职业角色中的价值，以及自己相对于其他人的特定优势。自我认识可以让我们了解自己所具有的特殊天赋和优势，并且使我们充分利用我们的才能。

同样，判断其他人基本的差异也成为有效管理的一个重要部分。对其他人的不同观点、需要、倾向的觉察和领会，是情绪智力和人际成熟的关键部分。差异帮助我们理解人们之间误解的潜在来源，并给我们提供如何更好地共同工作的线索。但是，大多数人都有这样的倾向：愿意与和自己相似的个体交往，喜欢选择和自己相似的个体共事，排斥那些和自己不同的个体。人类战争和冲突的历史证明了这样的事实，即差异往往被理解为威胁性的。尽管培养相似性似乎使我们与其他人交往更容易，但它也降低了我们的创造力和解决复杂问题的能力，以及在工作中挑战权威观点的可能性。

没有自我表露、分享和相互信任的交流，自我意识和对差异的理解就不可能发生。自我认识要求理解和评价差异，而不是制造区别。我们鼓励你使用你发现的关于自己和他人的信息来获得成长与发展，同时珍视交互中的双方。

第一个领域是个人价值观，它们是行为动力的核心，其他全部的态度、倾向和行为都源自于个体的价值观。

第二个领域是学习风格，它指个体收集和加工信息的方式。

第三个领域是变革取向，它关注于人们用来应付环境变化的方法。

第四个领域是人际取向，它是指以特定方式与他人互动的倾向。

自我意识的这四个方面组成自我概念的核心。价值观决定了个体关于什么是好和坏、有价值和没有价值、渴望的和拒绝的、真和伪、道德和不道德的基本标准。学习风格决定个体的思想过程、知觉以及获得和存储信息的方法；它不仅决定个体接受什么类型的信息，而且决定这些信息如何被解释、判断和如何对信息做出反应。变革取向决定个体的适应性，它包括个体对模糊环境的忍耐程度和在变化的条件下倾向于为自己的行为负责的程度。人际取向决定了在与他人交往中最可能出现的行为模式，个体开放或封闭、斩钉截铁或缄默、控制或依赖、亲切或冷淡的程度，在很大程度上取决于其人际取向。图6-1总结了自我意识的四个方面，及其在定义自我概念中的功能。

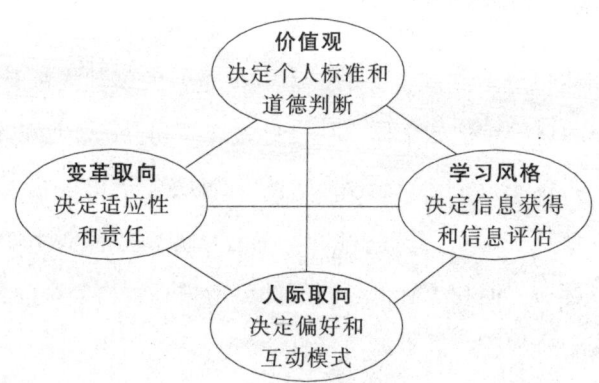

图6-1　自我概念的四个核心方面

自我意识还有许多其他的方面，例如，情绪、态度、气质、人格和兴趣。但所有这些方面基本上都是关于上述四个核心概念的。我们看重什么，我们如何去感受各种事物，我们针对不同的人如何表现，我们想得到什么和我们被什么所吸引，都深受我们的价值观、学习风格、变革取向和人际取向的影响。自我的其他方面都是在类似这些最重要的基石上构建起来的。

自我意识训练不仅有助于个体提高其自我理解和管理的能力，而且它对帮助个体理解人们之间的差异也是重要的。大多数人将经常碰上与他们有不同风格、不同价值观系统和不同观点的人，大多数劳动力群体也正变得更加多样化。因此，个体将在工作和学习环境中遇到更大的多样性，而自我意识训练将成为帮助他们认同和理解这种多样性的有价值的工具。自我意识的四个关键领域之间的关系及其管理成果总结在图 6-2 中。

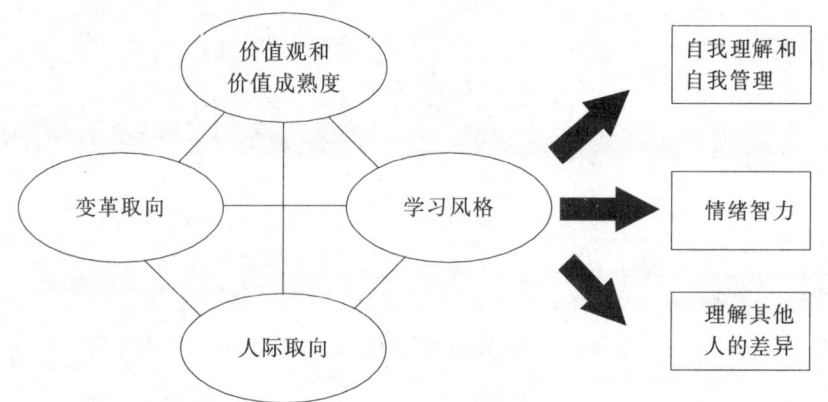

图 6-2　自我意识的核心方面和在管理上的意义

加强自尊

人生中的一个重要任务就是增强自尊。自尊心强的人往往具有积极的自我概念。自尊源于成就有价值的事业，并且对这些成就引以为豪。增强自尊的最有效途径就是成就有意义的事业，然后获取对于这些成就的积极反馈。表扬和认可可以帮助培养自尊；适当地披露自己的内心可以增强自尊；欣赏自己的长处和成就也能有效加强自尊；如果能有效避免一些干扰合理自我欣赏的情况或因素也会很有帮助。

自尊是指欣赏自己的价值、对自己的行为负责以及对他人负责的态度。具有积极自尊的人对于自己人生价值的理解非常深刻，因此他们也就能具有积极的自我概念。

对你而言，表 6-1 各项陈述是否正确，请在相应的空格处打勾：

表 6-1　测验题目与答案

序号	测验题目	答案	
1	我对于每一天新的开始总是激动不已。	是	否
2	我在工作或者学业上所取得的任何进步都归功于运气。	是	否
3	我经常问自己："为什么不能做得更好呢？"	是	否
4	当上司或者老师交给我一个具有挑战性的任务时，我总是充满信心地去完成它。	是	否
5	我相信我充分发挥了我的潜能。	是	否
6	如果别人叫我帮忙，我会清楚地告诉他我能力的极限,也不会因此而觉得不安和惭愧。	是	否
7	我经常为自己的错误找借口。	是	否
8	我会因为别人心情不好而自己也变得心情糟糕。	是	否
9	我特别在意别人赚了多少钱,特别是别人与我的工作性质相同的时候。	是	否
10	当我没有达到目标的时候就觉得那是失败。	是	否
11	努力工作会让我情绪高涨。	是	否
12	当别人评论我的时候,我总是怀疑他们是否真诚。	是	否
13	评论他人总是让我觉得不舒服。	是	否
14	我说"对不起"的时候不会觉得难受。	是	否
15	让我面对自己的错误是非常困难的事情。	是	否
16	我的同事觉得我不应该获得晋升。	是	否
17	要成为我的朋友很简单,不需要给我什么好处。	是	否
18	如果我的上司夸奖我,我总是会觉得自己名不副实。	是	否
19	我只是一个普通人。	是	否
20	我讨厌变化。	是	否

评分：将你的回答与预定答案比较，每有一项一致就加一分。（见表 6-2），测验得分与自尊水平解释见表 6-3。

表 6-2 预定答案表

序号	1	2	3	4	5	6	7	8	9	10	11	12	13	14	15	16	17	18	19	20
答案	是	否	否	是	是	是	否	否	否	否	是	否	否	是	否	否	否	否	否	否

表 6-3 测验得分与自尊水平解释

得分范围	自尊水平
17~20 分	你的自尊非常强。但是如果你得了满分,也可能是由于你否认任何对于自己的怀疑。
11~16 分	你的自尊属于平均水平。你应该掌握一些技巧来加强自己的自尊,这样你会过得更好。
0~10 分	你迫切需要加强自尊。和你的好朋友或者提供心理健康服务的专业人士谈一下你对自己的感受。同时,多多运用能够有效加强自尊的方法。

自尊由彼此相关的两个部分组成：自我效能和自敬（自我欣赏）。

自我效能区别于一般的自信心，它是指具有完成某具体任务的能力所拥有的信心。如果你的自我效能很高，那么你就相信你具有可以成功完成某一特定任务所需要的各种技能；而相信能完成某具体任务可以增强人的自尊。自我效能可以通过许多重要的途径来提高工作绩效，这些途径包括加强激励、增加对于工作的注意力、增加努力程度以及减少焦虑和自我挫败的负面想法。

自敬，是指一个人如何看待自己。自敬的人喜欢自己是因为他们就是这样的人，而不是因为他们可以做什么或者不能做什么。自敬的人不会担心与他人做比较。自敬这个学术概念和我们平时所说的“自尊”是吻合的。街头的很多乞丐不但智力健全而且身体强壮，因此人们可能认为他们正是没有自尊才会沿街乞讨。而且，不自尊自重的人即便经常遭受他人言语或身体的侮辱也不会愤然反击，因为他们会觉得自己受到这种对待也是应该的。

了解自尊的一种方式就是弄清它是怎么形成的。就像自我概念的形成一样，自尊的形成也涉及个人许多早年的经历。小时候受到家人、朋友、老师鼓励和认可的人往往会培养较强的自尊。关于自尊形成的一种广为流传的解释是仅仅通过表扬、夸赞和拥抱就能形成自尊。但是，许多发展心理学家则非常怀疑这种理论。他们提出了自己的观点，并认为自尊源于成就有价值的事业，并且对这些成就引以为傲；受到鼓励并不直接形成自尊，但是可以帮助人们完成能够形成自尊的那些活动。

心理学家马丁·塞利格曼则认为自尊是由各种成功和失败造成的。为了拥有自尊，人们需要提高应对世界的能力。"自尊来自于受到鼓励和认可的真正成功。过分夸赞只会让人自我膨胀，而不会形成真正的自尊。孩子形成自尊并不是因为别人说他足球踢得很好，而是因为他真的踢得很好。"

具有很强自尊的人往往具有良好的心理健康状况，他们对自己非常满意而且积极地憧憬人生和未来。自尊之所以有这样的功能，部分是因为它可以增强自己抵御某些情境负面影响的能力。自尊不强的人在碰到别人说他容貌丑陋的时候，就有可能精神崩溃；如果一个人的自尊很强，就不会在意别人对他的负面评价，而仅仅把这些评论当成一家之言，不会给予过多不必要的关注。在面对诸如丢失钥匙这些日常小挫折的时候，自尊心强的人会想："我的生活中还有许多美好的事情，为什么要为这么一件区区小事而耿耿于怀呢？"

这里需要指出的是，自尊心强的人并不是一味地忽略负面评价，而是在利用负面评价中的有用信息时并不使自己受到不必要的负面情绪的影响，因为他们的内心具有安全感。

自尊心强的员工往往也具有良好的工作态度，并且能够在工作中取得好成绩。因为他们所采取的态度及行为和他们认为自己很能干的看法一致，而这些态度和行为又往往能导致良好的工作绩效。

用自尊心的自我循环强化过程来总结自尊的本质和影响。这再合适不过了，见图 6-3。

自尊心强的人有更积极的预期，会付出更多的努力，也就有更大的机会成功，而成功进而又加强了他的自尊。

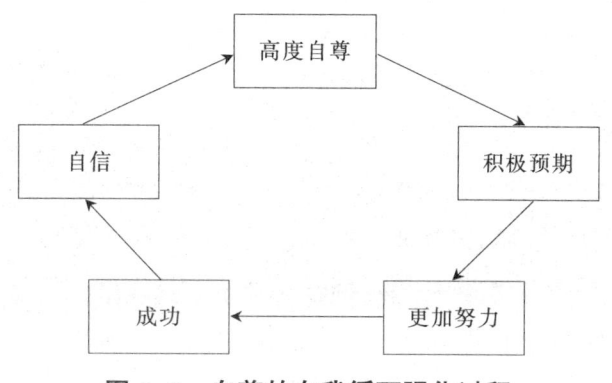

图 6-3　自尊的自我循环强化过程

研究发现：自尊水平的变化比其他因素的变化对于生产力的影响更加敏感（其他因素包括教育程度、基本技能以及工作经验等）。具体而言，如果自尊增强 10%，它对于生产力增加的效果要大于教育机会或工作经验等增加的 10%。

加强自尊的过程将相伴你一生，因为自尊来自于一生中的成功以及与他人积极的互动。以下是培养自尊的 5 种有效方法：

1.成就有价值的事业

成就有价值的事业不仅对于成人而且对于儿童都是培养自尊心的主要方式。仅仅是获取大量的一般成就并不能增强自尊，一般的成就无法构筑高水平自尊的基石。试想，在一个只有排名前 10%才能得到 A 的课程上拿到 A，与在一个所有人都能拿到 A 的课程上拿到 A，这两个成就哪一个更能帮助你塑造自尊？

2.让别人适当了解自己

能够较大程度地披露自己内心的人是开放性的，反之则是封闭性的。自我披露可以帮助别人接纳你，因为向别人更多地披露自己，别人对你可以接受的东西也就越多。相反，如果你总是掩盖自己、躲躲藏藏，那么被别人接受的机会就少而又少。别人越多地接受你，你的自尊也会相应加强，因为自尊的建立需要他人的积极反馈，而如果别人不了解你又何来反馈。请记住这个顺序：自我披露——自我接受——自尊。

当然，你必须注意不要自我披露过多。自我披露过多的人往往会遭受他人的拒绝，比如，如果你把自己所有的负面情感和想法都与他人沟通的话，那个人也许会觉得很烦，然后会离开你。

3.了解自己的长处

欣赏自己的长处和成就也能有效加强自尊。首先，把自己的长处和成就列在一张纸上，这样做的效果会出乎你的意料。

除了个人练习以外还有相应的小组练习。小组的每一位成员首先列出自己的长处和成就，然后和小组成员一起讨论这份清单。在评论中会发现某个自己没有察觉到的优点，或者通过讨论强化小组成员对自己长处的认同。但有时候，也会出现自己和他人的认知不能达成一致的情况。一个成员也许会对小组成员说："我很英俊、聪慧、可靠、健壮、幽默、自信，而且道德高尚。"小组中的另一位成员也许会反驳道："我还要补充一点，你还很自负。"

4.尽可能减少干扰合理自我欣赏的因素

在我们的生活和工作中总会出现一些干扰合理自我欣赏的情况或因素，如果你能有效避免这些情况或因素的发生，那么就很少会感到自己无能，从而会让你避免丧失自尊。当然，并不是对所有让你感到无能的情况都视而不见，只是在利用其所提供的有用信息的同时不要过度受负面情绪的影响，一味地回避负面评价会让人意识不到自己的不足。

5.与能够真正增强你自尊的人相处

一个可以真正增强你自尊的人往往也是自尊很强的人，他们给予别人诚实的反馈，因为他们既尊重自己也尊重他人。但是，千万不要将他们和那些只会说"是"的"老好人"混为一谈。真正能够帮助你加强自尊的人会给你提供许多真实而有用的反馈信息，而你从"老好人"那里得到的除了奉承以外什么也不会有。

树立自信

哈佛著名学子亨利·梭罗说："自信地朝你想的方向前进！人生的法制也会变得简单，孤独将不再孤独，贫穷将不再贫穷，脆弱将不再脆弱。"

培养自尊的同时往往也能够帮助你增强自信。因为拥有自尊，感觉自己很能干，往往会全面改善对自己的感觉。因此，帮助培养自尊的因素往往也能够用来树立自信。这里介绍一些其他可以帮助树立自信的方法，请根据自己的人格特质和环境因素选择适合的方法。

1.从小事做起

自信来源于成功，但不是只有巨大的成功才有这样的效果，积累许多小的成就也能有效地帮助树立自信。这些小成就包括学会操作新的电子产品，期末考试获得好成绩，或者一公里赛跑成绩比上个月缩短了 10 秒等。小的成就可以树立自信，而自信又可以帮助获得更大的成功，这就造成了成功循环。

2.积极地看待自己

要树立自信必须排除对自己的负面看法，学会积极地看待自己，学会积极自我对话。尤其重要的是在他人面前能够肯定自我。比如，学会对自己说"我知道我可以做到的"、"只要给我机会，我一定会让大家满意"、"我成功的机会很大"，等等。

3.学会积极地想象

学会想象自己在面对挑战的时候能够从容应对的场景，这种技能叫做积极想象力。比如，你正在申请贷款，想象一下你正在向信贷员自信地证明自己具有良好信用的场景。想象一下信贷员正面带微笑地听你陈述，并且准备在相关文件上签署放贷许可。积极的想象可以帮助你变得自信，因为你在头脑中已经积极预想了面对挑战时的精神状态，这种积极的心理状态能够更好地帮助你应对挑战。

4.相信命运掌握在自己手里

如果你相信命运掌握在自己手里，并且勇于承担责任，那么你身边的人会认为你非常自信，并且有能力控制自己的命运，而这会进一步增强你的自信。

5.乐观处世

乐观的人往往非常自信。当然，如果你天生非常悲观，那也没有必要为了乐观而彻底改变自己的人格特质。但是，你可以在保留对自己悲观看法的同时积极寻求对于现状的乐观评价。如果你通过努力完成了一项非常艰巨的任务，那么不但应该好好总结经验，而且应该告诉自己下次会做得更好。

6.穿着得体，举止得当

如果你对自己的穿着和举止非常满意，那么你往往会变得更加自信。所以请你花点心思琢磨最适合自己的穿着和举止。

7.知识渊博

如果你拥有渊博的知识，能够为解决问题提出各种建设性的方案，那么你就会变得自信。直觉很重要，但是如果能够根据客观事实，理性、科学地分析，从而找出解决问题的最优方案，这样做往往会塑造自信的形象。所以要通过正式教育和其他任何可以吸收知识的方式，不断扩充自己的知识。

8.掌握新技能

大多数人都知道要掌握复杂的新技能往往需要勇气和信心。所以如果你一直在学习新技能，并且大家也都知道你在不断学习的话，那么对于塑造你的自信形象会非常有帮助。

9.热爱自己的工作

你做的每一项工作都是你的价值的最好体现，对自己的事业引以为豪不但能帮助你激励自己，而且会让你的笑容和举止都洋溢着自信的光芒。

10.勇于承担风险

只有自信的人才勇于承担风险，而勇于承担风险也会让你变得自信。比如，在解决问题的过程中能够不按常理地提出富有可行性的方案往往就会给人以自信的感觉。

11.随需应变

自信的人能够为了组织的发展很快地适应环境的变化，而不自信的人往往喜欢保持现状。如果别人觉得你总是做好了应对未来的准备，并且勇于接受挑战，那么他们就会觉得你非常自信。

12.克服害羞心理

害羞会让人觉得不自信，因为害羞的人并不能与他人进行良好的沟通。克服害羞心理的一个关键是不要总是关注自己，而应该将注意力更多地放在他人身上。可以从小事做起，但是要确保每天都与其他人有所接触。比如，去商店买东西的时候不要仅仅只是把钱放在柜台上，而应该关注售货员的反应，并且感谢他所提供的服务。当害羞的人与社会越来越能积极良好地互动的时候，他也就会变得不那么害羞，而变得更加自信。

保持积极的情绪

你的情绪是重大决定的重要指南。在作出决策时，仅仅凭借逻辑思维远远不够。逻辑思维能够告诉你利与弊，但是你的决定最终将建立在自己的内心反应上。有一首老歌告诉我们，带来结果的不是你所做的事情，而是你做事情的方法。培育乐观主义的心智框架，询问自己将如何改善未来，坚定地把自己设定在成功的位置上。

美国密歇根大学心理学家巴巴拉·L·弗雷德里克森最近的研究成果指出，积极的情绪可以开启人类的心灵，使其朝更多的方向发展；也就是说，积极思考的人比消极思考的人拥有更多的选择和资源。如果我们能够不断保持积极的情绪，那么我们不论做什么事效率都会比较高。

1.消极的情绪更具有强迫性

人类偏向消极情绪的部分原因是，许多问题比积极因素的强化更具有强迫性。

2.负面的情绪会限制思考能力

负面的情绪会限制我们的思考能力，例如看到一只不怀好意的大狗向你冲过来，你会立刻产生这只狗可能攻击你的负面想法。若没有这个有意识的念头，你可能不会主动设法保护自己。如果你想象这只狗即将攻击你，你全部的意识就会集中在如何全身而退的问题上。

3.积极的情绪可以开启思考

如果我们充满喜悦，各种可能性都会存在。在这种情况下，我们可以四处玩乐、玩笑，享受幻想的乐趣，在情绪上、心智上、社交上尽情开放。"危险"在充满喜悦的情境下，是毫无立足之地的。

4.积极的情绪可以调节负面的情绪

以喜悦代替愤世嫉俗，可以协助员工怀着更满足的心态完成工作。

5.积极的心情往往会产生更具创造力的思考，更具诱导性的推理能力（解决问题），以及更有弹性的行事方法

如果你把世界看成是积极的、安全的和充满乐趣的，你就可以积极地解决问题，并发现新的解决途径。

以积极的情绪代替负面的心理状态，必须从认知开始着手，其次才是有意识地转换或改变情绪。在不同的心理状态之间来回转换，是改变情绪的重要技巧之一。我们可以用计算机为例，当计算机送出一个"错误"的信息时，通常会提醒你保存文件，然后重新开机。如果你心情不好，你的生物计算机会提醒你不要忽略你的情绪，应该设法转换或重新开启你的心情。

构建乐观的方法 1：确定你是乐观的人还是悲观的人

完成以下关于"你是否是一个乐观的人"的测验：如果哪一项陈述能够代表你多数时候的行为和想法，请在 T 上画圈，反之，在 F 上画圈。

（1）我更多地思考如何找到解决问题的方案，而不是担心同事们不工作。T F

（2）人们先需要证明自己，然后我才能信任他们。T F

（3）我喜欢工作带来的挑战。T F

（4）我感觉我的工作有助于他人。T F

（5）我能够自我解嘲。T F

（6）我有幽默感。T F

（7）我不相信任何人和事。T F

（8）我工作起来很少休息。T F

（9）我每周至少有一天休息。T F

（10）我愿意鼓励、支持并帮助别人成功。T F

（11）除非某人的言行说明他不可信，否则我相信任何人。T F

（12）我不愿意说我不能对他人负责。T F

（13）我感到我似乎很少有时间给自己。T F

（14）我致力于发展积极的和相互支持的友谊。T F

（15）我会容忍消极的人。T F

（16）我感到幸福和快乐。T F

（17）我采用健康食谱（避免过多的肥肉、糖和刺激性食物）。T F

（18）我每周至少三次参加20分钟以上的体能锻炼。T F

（19）大部分日子里，我感到疲倦。T F

（20）我一天中经常有短时间的小睡。T F

（21）我每天都有沉思和放松活动。T F

答案：

把你的测验答案与下面提供的标准答案比较，划出相对应的答案。例如，如果你第1项选的是T，就打一个√。如果你选的是F，就打一个×。

答案为T的题号：1，3，4，5、6，9，10，11，14，16，15，18，21。

答案为F的题号：2，7，8，12，13，15，19，20。

你的回答有多少相匹配（多少个√）？

对乐观测验的解释：

19-21个相匹配：典型的乐观主义者。你是杰出的人物，你能够成为帮助其他人变得更积极的典范。

13-18个相匹配：较为乐观的人。你是一个较为乐观的人，保持良好的工作和生活态度，不需要太多的开发。

6-12个相匹配：你有时候是乐观的，可以通过培养乐观的生活态度改善情商。

0-5个相匹配：很少乐观。如果不培养乐观的态度，你的情商只可能维持在较低的水平上。

构建乐观的方法2：以不同的方式与自己对话

靠逐渐改变你的信仰让自己变得更乐观。下面这两句话你相信哪一个？

第一句话，"我怎么做都一样，因为无论怎样，倒霉的事情总会发生在我身上"。

第二句话，"我所采取的行动可能引起不同变化，我能把事情做得更好"。

相信第一句话的人告诉自己，别人和周围环境决定了他们的生活。悲观的自我对话使人放弃，甚至令人不愿尝试一下改变。面对挑战，消极的人可能对自己说："我不能，我肯定不能。为什么还要试呢？无论如何也不会有什么改变。客观情况不会给我机会，我遇到这些问题都是外界的错。"

相信第二句话的人相信他们能够控制生活的某些方面，即使是在困难面前，积极的想法也能促使他们采取行动。当面对挑战时，乐观的人可能想："我要试一试。我所做的事很重要，我能改变局面，我有责任使事情得到改善。"积极乐观的思想比消极的思想更可能导向成功。

当你讲述需要解决的问题或需要改变的事情时，你真正传递给自己的信息是什么？慢慢地改变你与自己的对话，以悲观和消极的陈述开始，然后一步一步地变成积极和乐观的思考。

大多数悲观和消极的说法，如：

"关于……我什么都不能做。我怎样努力都没用，没有试的必要。"

改进后的说法，如：

"关于……我或许能够做一些事情。在某些小的方面我或许能够把事情做得更好。"

更加乐观的说法，如：

"关于……我可以做一些有益的事情。以前，我做过类似的事情，产生了不同的结果。"

最积极乐观的说法，如：

"我确信我能够改变这个问题，通过……使之成为我能够应付的挑战。我有解决问题所需的技巧、信息和帮助。"

当你朝着目标努力时，请不断地复习你修改后的说法，并经常看一看。精神上的转变可能改变你对工作的看法。

构建乐观的方法 3：发现你工作的意义

相信自己工作很重要的人比认为自己工作没有价值的人积极性更高。一些人通过帮助别人、开发出新的产品、激发自己的创意、为家庭挣更多的钱、学习新的技巧等方式发现自己工作的重要性。关注工作中对你最重要的那一部分，努力去做更多对自己有意义的事情。如果你发现工作并不令你满意，也不愿去改变它，那么你就要考虑换一份新的工作或新的职业。

"我的工作之所以重要，是因为……"

"我特别喜欢我的工作，是因为……"

构建乐观的方法 4：关心自己和他人

乐观的人经常培育出值得信任的人际关系，这种关系会成为相互支持的网络。由于工作和家庭生活经常相互重叠，人们需要在工作和家庭之间建立积极的和相互支持的人际网络。有魅力的人会主动地在工作和家庭中寻找积极的人。

一个相互支持的人际关系网络，可以为你提供以下好处：

（1）有助于解决问题。

（2）分享有用的信息。

（3）提醒你问题的出现。

（4）帮助你改善自我感受并认识到你的成功。

（5）一起娱乐开心。

（6）拥有朋友。

成为自己的情感导师

就像其他形式的指导一样，你必须有专门的自我指导。这些包括：

（1）知道你的性情。

（2）锻炼聆听能力和同情心。

（3）理解。

（4）接受你的阴暗面。

（5）对情绪转变负责。

（6）熟悉你的情绪的性情。

我们既需要乐观也需要悲观，因为两者都是重要的。为了和谐地工作，两者我们都需要。当机会允许的时候注意从一边转化为另一边。看完下面的对比之后可以停顿一下，决定将自己放在情感性情的什么位子。

乐观者和悲观者

经常说乐观者认为这可能是世界上最好的，而悲观者则害怕是这样。悲观者认为自己的杯子里只有半杯水，而乐观者认为满得都溢出了！各有各的好处，当我们要完成工作的时候我们要乐观，当我们得到太多时需要悲观来面对现实。乐观会使我们的期望和能力膨胀，而悲观使他们缩小。

沉思者和激动者

沉思者对伤害他们的事物比较平静。对细小的冒犯不会计较，但是当他们认为冒犯很严重时，就会对别人几个星期或几个月前的缺点予以回击。相反，激动者没有经过思考就说话。经过他们已经忘记了。沉思者有情绪上的自闭症，而激动者后悔他们的冲动。有时我们既需要沉思者的思考的能力又需要激动者。

轻松者和紧张者

轻松的人习惯不对情感刺激过度反应，而紧张的人则相反。如果你是轻松的人你会经受更少的痛苦，但是会错过别人的一些细微差别。如果你是十分紧张的人，你会发现你比轻松的人敏感，并且这种敏感会使你在情感平衡中付出很大代价。

内向的人和外向的人

对于内向的人，他们的内心很重要，而外向的人则相反。内向的人认为其他人是地狱，而外向的人会认为孤独的一个人才是地狱。这种分类似乎有点混乱，因为许多内向的人有很好的社交能力，而有些外向的人在社交上很笨拙。从感觉上来说，外向的人比较注重其他人的感受，而内向的人比较注重自己的内心感受。

你可以在生活的某一领域是乐观者，在另一领域是悲观者。例如很多时候一个人在生活上担任情感的一种角色，在工作上则相反。有时候我们表现一种性情例如当处于没有压力的环境时是轻松，在有压力的环境里则是紧张。同样，我们会发现我们有时从内向转为外向，或相反。在自我发展中不是让自己固定一种性情而是能够使自己经历其他的。

良师益友的任务就是当我们过于偏向某一端的时候给予指导。例如我们的内心导师会说："你太冲动了，你应该多思考一下而不是让自己冲在最前锋。"内心导师了解性情是很重要的，否则她或者他会从另一面说话。在那些情况下内心导师会用假的愉快的乐观主义来代替悲观主义。它们会说："一切都还好，你就等着看吧。"这类是对被保护者没有任何帮助的话。被保护者从另一面来看待问题的观点和他们看待问题的观点有很大差别。

听力是指内心的听力。如果内心导师因为自己的事情而烦躁就会阻碍他们准确的听力。全神贯注取决于听到的东西和对它的反应。所以内心导师在给有益的帮助前应该聆听。一个很好的方法是用 10 秒钟的时间写下你所听到的。写的时候不管拼音、标点、逻辑、语法，不带有审查和判断地写。定上闹钟，手不停地翻页书写直到闹钟闹响为止。不厌其烦地看看结果。重要的是过程而不是结果。这种技巧经常被有创造的作家和艺术家使用。在作家 Julia Cameron 的著作 The Artist's Way 有很多描述。她称为上午专栏，是一种大脑渠道。他或者她准备倾听痛苦的部分人格。内心导师的存在比它指点一些明智的方法还要重要。

有些人能够很成功地控制自己的大脑，但刚开始的时候写下来是很有用的。你必须客观地看待这个过程。有时候会说；"这是荒谬的，星期天的下午我应该有更好的事情可以做，只是一本无聊的书，为什么你会买它。"如果你听到这类的话，在表面上不要采纳，但是接受而不是怀疑，抵制是过程的一部分。

移情不同于同情，更容易接受。成为别人同情的对象比较丧失体面和羞辱。说"我和你有同感"不同于说"我同情你"。前者将别人放在一个平等的位置上，任何一方都没有优越感。

当你个性的导师的一面来倾听你自己的时候，你是在叫你的另一面来描述情感。你被鼓舞并且不作任何判断，只是让这个过程呈现出来。通过锻炼你将会非常快地发展这种能力。你有能力明白人的智慧像最深的井一样的深奥。发展这种能力的关键包括：

(1) 首先知道你发生了什么事情。

(2) 避免问为什么，因为它代表了判断能力。

(3) 问问别人的感受。

(4) 要感情移入，而不是同情。

(5) 聆听自己。

当一个人遇到情感障碍的时候，他相反会使他周围的人感觉到。这在工作和比较亲近的朋友之间较容易发生，这被称为情感反射。重要的是你反射别人，或者你被反射的时候自己能够觉察得到。

例如，当一个女人被一个男人约了很多次以后不见关系的进一步发展时会很生气。但是不同的是当他走了以后，她的心情就好了。随着她的情感艺术的发展，她知道自己的气愤和男人反射给她的气愤的不同。她可以取下她无意间拾起的反射，并将它还给男人。这个男人也想使关系进一步发展，但是他是一个科学家，逻辑和理智高于一切。

所以情感对于他来说很陌生。因为他没有自己的感觉，他使自己周围的人很生气。

反射可以传染，从一个人传染到另一个人。例如你会指责自己的同事，几天后你的老板又会指责你，你不能容忍这种情感，于是将它转给其他人，其他人又转给另外的人。但是如果你意识到了，你就会避免使其他人不开心并且重要的是公正地对待自己工作上的批评。

内心的指导者就是发现这些反射并且告诉被保护者。关键的指示有：

（1）你感觉一个情感不像是你的。例如当你嫉妒的时候，你发现别人的嫉妒和你不一样。

（2）你对某人的存在有强烈的感觉而当他离开的时候，这种感觉消失。

（3）你发现几乎所有的事务没有经过你的同意就离开了你。这是一种很难觉察的微妙的感觉。感觉就像你半知半解的事物而你却无法接触到它们。

对于反射，重要的是不要对其他人控告它。这会使它更加地防卫并且敌视你。而且你有可能是错误的。如果你感觉到情感反射给了你，那么这是一个对付它们的好机会。如果你发现自己无法忍受在团队中的忧愁和寂寞，你可以对付孤独的感觉。

情商的发展使我看到我们不喜欢或者是不愿意接受的事情。这一范围被称为影子。我们不能看到它们，因为我们将它放在我们的背后，但是它与我们紧密联系，无论我们走到哪里都会跟随着我们。年轻的时候我们不断地将事情放在影子里。随着年龄的增长越来越多，直到中年的时候，影子会变得很长。自我和影子是对立的两个方面。自我否定影子并且将它反射到其他人的身上。

Thomas 将自己的贪吃放进了自己的影子。当 Thomas 是一个小孩的时候，他的母亲经常责骂他贪吃。他长大之后认为贪吃是世界上最坏的一件事情。他将自己贪吃的一面放进自己的影子而没有看到它。他后来和一个贪吃的女人结婚，他责骂她而认为自己无可厚非。当她离开他的时候，他必须停止反射自己贪吃的一面。当他意识到这是他的一个特性的时候，他就不会厌倦在其他人身上看到它。

在影子里并不是所有的事情都是否定的。有时候，人们将自己的优点放在影子里，我们许多人会隐藏我们的才干，因为我们害怕其他的人发现我们的不易接受。随着我们的痛苦感受的进行，我们压抑的特性显现出来。如果我们可以接受我们不理想的一面，我们就不会将事情放在我们的影子里。

内心导师的作用就是不要接受自我所认为的表面的价值。如果你总是发现自己讨厌某人或者某事，你就值得看看你的影子发生了什么。当你处于受指导的状态，你最好尽可能地温柔不带有评价地对待自己。自我原谅和耐心是最好的治疗。通过不憎恨自己而是接受自己不完美的地方，你就可以打破影子反射的循环。

情感可以改变我们。从生物学角度说恐惧使我们逃跑，爱鼓励我们，为了生存所有的这些都是需要的。从心理学角度说傲慢改变我们对自己的看法，焦虑使我们看得更远，孤独使我们再一次和世界联系。从精神上来说，希望需要的是我们的态度而不是结果，气愤可以净化我们，沮丧是对生活的宽恕。

情感由我们的思想、信仰和我们周围的事件所产生。所有的情感都有正反两面。所以即使是最消极的情感也可以转变为积极的。内心导师的作用就是将消极的情感转变为积极的。情感引导不能只停留在理论上，还要付诸行动。这个任务你必须亲自做，你需要三件东西：笔纸、一个安静的房子、属于你的时间。每周说 45 分钟，如果你觉得有趣的话可以延长时间。在这个时间里，无论你做什么，不要觉得是负担，不要觉得这是你必须做的事情而是要认为这是因为你喜欢或者是为了自己的发展而做。

有必要记下你和你的内心导师的对话。刚开始的时候你也许会觉得很愚蠢，但不要告诉别人。

（1）分清楚你和导师声音的不同，如果你不记下来，整个过程就会失败。

（2）针对某一特定的事实让我们知道我们正在想什么，然后开始情感转变过程。

（3）让我们知道自己在完成情感发展的任务。只有这样情商才能起作用。

这个任务有点像走进一个体育馆。笔与纸、一个安静的房子、属于你的时间是你的情感体育馆。如果你做这个工作你就会得到结果，那么这本书的意义就实现了一部分。如果你发现有些部分你不赞同，那么很好。这本书由我写的因此包含了许多我所学到的东西。当你做情感自我指导工作的时候，你会发现你自己在写，这本身会有很大的满足感。

第七课 改变心智改变情商：
高情商是这样炼成的

心理学家威廉·詹姆斯说："人类通过改变他们心智中内在的态度，就能改变在生活中的外在样子。"

情商技巧的改变是随着你的情商实践程度而变化的。与通常的智力和个性不同，情商是一项可以改进的具有灵活性的技巧。它也能被意义重大的生活环境所影响，你可能看到它随着失业、离婚、意想不到的鼓励或者其他重要生活事件的回应而波动起伏。真正的诀窍是理解你的情商技巧，密切注视它们，为你的利益使用这些技巧。你在磨炼你的情商技巧方面做得越多，你的情商水平提高得越快。

人的头脑是可塑的

情商是在大脑中理性中心和感性中心之间的联系数量产生的结果。当你实践你的情商技巧时，你就加强了这个路径。你的大脑细胞逐渐地分叉，并在你的感性与理性之间建立联系——但是这需要花时间。

理查德九年前孑然一身迁居到城里，仅仅带着他那经过深思熟虑的商业计划、一辆破旧的小货车和对计算机网络知识的了解。当时，你在电话本上甚至都找不到计算机网络服务这个名词。他从这座城市里有着最差劲邻居的公寓里开始发展他的事业，到最后成为一家每周咨询费超过 100 万美元的全国性企业。他赢得了安永企业家年度奖，成为《纽约时报》《今日美国》和《篇言》的封面人物，在电视节目中接受《福克斯》和 ABC 新闻的采访。

理查德在促成他的公司变得伟大的过程中表现非常优秀，但他过去却并不总是遵守纪律的典范。在大学毕业那年，他陪着他的女朋友在北加利福尼亚大学生活了一段时间。当女朋友上课时，他没有什么事情可做，于是他在图书馆里打发时间。他对商业书籍非常感兴趣，他通过阅读知道了铭刻在图书馆外拱门上的名字。为了让名字刻在拱门上，必须赢得安永企业家年度奖。理查德深受这些企业家的责任和计划所影响，他非常钦佩他们所做的成就，发誓某一天要让自己的名字刻在图书馆外的拱门上。这些书竭力称赞一个人对目标坚定不移和周密计划的价值。他想要发展这些技能并获得成功，所以每天他都勤奋工作以实现他的商业计划。

然而，坚持商业计划不像在纸上所写的那样简单。在前进道路上常常会有障碍，每一个障碍都需要新的准备和集中突破。每一次障碍的突破都意味着抵达了一个新的里程碑，他所面临的挑战不断考验着他的决心。尽管有时他感到自己濒临于崩溃的边缘，但是他从来没有真的崩溃。他在思考如何教会自己遵守纪律时这样说道："对我来说，在一开始真的很艰难。有大量的我不知道的小事情需要处理，以便使业务得以运转。但是随着我继续在遵守纪律方面集中精力，我发现遵守纪律变得越来越容易。我猜我训练了我的大脑。"随着时间的流逝，他对纪律遵守从被迫转变成自然，这个转变使他在业界口碑的可靠度迅速传播开来，使他成为本地公司寻找可靠网络的首选，并帮助他让自己的名字刻在了拱门上的伟大人物中间。

《科学》杂志的新发现

理查德进入北加利福尼亚大学之前的几年里，《科学》杂志连续出版了一项神经学者知道的所有关于大脑研究方面的成果。这是令人惊讶的新发现！你的大脑是可塑的。

"可塑性"是神经学者现在用来描述大脑适应压力和变化能力的术语。当理查德忍受着由于坚持他的长期计划所带来的不舒服时，他完全地改变了他的大脑。随着他继续坚持他的道路时间越长和战胜新的挑战越多，他的大脑形成的增加这些纪律行动的联系也就越多。他没有意识到这个变化后的机制，但是随着时间的推移，他感觉到事情变得容易了。每一次他强迫自己走出他的舒服区域，他就在下次面临类似的挑战时少一些麻烦。

近几十年来，这个世界保持了一个错误的信仰，认为成人的大脑是"凝固僵化"的和不可改变的。在《科学》杂志上发表的这项研究揭开了这个谜底，在任何年龄学习都会留下物质上的印记。在你大脑中新的联系会让你在使用新的行为时更加舒适。大脑增加新联系不太好理解，打个比方，如果你每周开始举几次重物，你的肱二头肌会逐渐增大。这种变化是循序渐进的，你坚持锻炼的时间越长，你会感到举起同样的重量将变得越来越容易。你的大脑中增加的这些新联系与肱二头肌的变化类似。当然，由于被头盖骨所限制，你的大脑不会像肱二头肌那样增大，相反，你的大脑细胞会在没有增大尺寸的情况下发展出新的联系来加速思考的效率。你的大脑中1000亿个细胞中的每一个都会通过分叉出小的"胳膊"（像树枝一样）伸出去与别的细胞取得联系。一个单体大脑细胞能与相邻的大脑细胞发展出15000个联系来。随着你越来越多地发展新技巧，在受影响的区域大脑细胞会分叉出一系列成长的反应链。思考的路径让人们行为变得更为强大，在未来让新的资源更容易变成行动，产生积极的结果。

情商是可以改变的

那些在提高情商方面取得进步最快的人常常是那些提问题最多的人。问题是好奇心产生的结果，是产生值得探索的兴趣点的阶梯。在我们传统的观念中，问题太多的人往往被认为是无知，或者调查某个主题时缺乏信心。但是实际上，我们认识到挑战性的问题往往来自想知道更多的愿望。

情商技巧的改变是随着你的情商实践程度而变化的。与通常的智力和个性不同，情商是一项可以改进的具有灵活性的技巧。它也能被意义重大的生活环境所影响，你可能看到它随着失业、离婚、意想不到的鼓励或者其他重要生活事件的回应而波动起伏。真正的诀窍是理解你的情商技巧，密切注视它们，为你的利益使用这些技巧。你在磨炼你的情商技巧方面做得越多，你的情商水平提高得越快。

当你努力改进你的情商技巧时，这个过程将会持续好几个月，然后才能看见一个较为明显的变化。学会在改进期间适当停下来和学会对你周围的环境做不同的思考是你开始时应该做的所有事情。一些新的行为很容易迅速产生，人们将会立即注意到你的变化。把你的注意力转移到情商上会给你带来新的视角，这个视角让你觉得改变情商不是很难的事情。像学习任何新的技巧一样，改进你的情商需要实践。

一个人每次只能有效地处理少数行为。如果想尝试通过单一努力就能提高所有四项情商技巧，最后的结果一定会失败。你应该每次提高一项情商技巧，这需要你集中精力改变一些关键行为来获得良好的结果。例如，如果你选择提高自我管理技巧，就应该不要把时间花在思考"我需要自我管理……"上。更为正确的做法是，你需要编制一个计划，把明确的提高自我管理技巧的行动包含进日常事务。这些行为中的每一种都是一项意义重大的新挑战，只有每次掌握一项你才能真正形成新的习惯。

四项情商技巧相互之间有大量的重叠也很重要。如果你开始改进你的自我管理技巧，你的其他情商技巧也可能会同时改进。例如，为了学会在某些事情困扰你的时候不忽略其他人，你非常清楚的是必须要自我管理。这也将会改进你与他人的关系，提高你的关系管理技巧。所以即使是最有雄心改进情商技巧的人，也应该相信坚持不懈地提高某种单一技巧将会带你走得更远，四项情商技巧将会一起发挥作用给你带来好处。

如果你对这样做感觉到舒适的话，你应该与至少一个你信任的人分享你的目标。即使那个人只能给你最少的支持，你也会发现在你的努力过程中，他或她将会起到非常好的作用。当你确定一个公开的目标时——甚至只是简单地告诉某个人你在努力做什么——你抵达那个目标的可能性就会增加 10 倍以上。把它说出来会在你的内心中创造更高层次上的责任感。当你监控你的进步时，其他某个人会成为一个重要的信息资源，他们可以描述他们看到的你的努力如何在发挥作用。当然，出于各种各样的原因，总会有一些人你不想告诉，这很正常。对你来说为了从与另一个人分享你的目标中受益，那个人必须乐于从事自在的和建设性的合作。如果你告诉的这个人不想花时间来理解或者仅仅是打算给你一个难以安排的时间，你最好私下去努力实现你的情商目标。

情商会随着年龄的增长而增长。大部分人在他们一生中自我意识技巧都会提高，而且随着年龄的增长会更容易管理他们的情绪和行为。通过测试发现，50 岁左右的人比 20 岁左右的人情商得分要高出 25%左右。

充实感情知识

"你好吗？""我很好。你呢？""我也很好。"这就是我们基本的感情词汇。我们都有一些描绘感觉的基本词汇作为基础，但仅有这些基本词汇还是远远不够的，你还要努力扩大自己的感情词汇。同时你还要具备辨析感情类型和产生原因、预测感情发展的基本知识。

感情共有多少种？我们应该如何描述每种感情？如果追求简单，我们可以用被叫做"二因素"的感情模式，即感情围绕一个圆圈排列。主要有两方面的因素可以描述感情空间中的不同的点代表的含义：感情的惬意程度（惬意到不惬意）和能量水平（从容到极为激动）。和感情词汇联系起来，那么我们的回答就可以是我很"快乐"或我很"害怕"。这只是个开始，还相当有限。

去海边游过泳的人都具有这样的常识：当海水比较平静，微波拍打着岸边的时候，救生员就会举起绿色的旗子表示海边安全的防护区域，红色旗子代表游泳者禁止入内的区域。

感情和这些海边旗子的作用相似。感情可以告诉我们即将发生危险还是平安无事。但是，感情比这些在微风中飘扬的彩色旗子的作用更微妙。不管我们接受的感情培训有多少，我们都可以从感情的含义及其发出的信号中学到很多东西。

气愤并不一定是一种"不好的"感情。当感到被冤枉或受到不公平待遇时，气愤就会油然而生。我们感觉到有些人对我们或者他人很不公平时，如果没有表示气愤的感情，我们相当于纵容了非正义、不平等和歧视的存在。

但是，当我们所认为的不公平也许是一种误解的时候，气愤也可以导致破坏和暴力。一些别有用心的人可以煽动别人的气愤情绪，使他们缺乏做事的理性，随时准备攻击别人。

因此，这里存在着合理与不合理运用气愤这种感情的区别。气愤的合理运用可以赋予我们战胜邪恶的力量和动力，可以使我们勇敢地和霸权作斗争，让这个世界变得更美好。但当我们失去了理智和思考的能力，当我们被气愤冲昏头脑时，气愤就遭到了不合理的运用。这就是所谓的盲目的气愤。我们往往会气愤得根本不知道自己是故意搞破坏，不知道自己正在对任何人、任何事都毫无理由地发火。

气愤也是有代价的。气愤可以通过多种形式损害我们的健康，但是我们相信，为了家庭和事业，我们有时必须付出这样的代价。如果气愤削减了我们几个小时的生命，而你的付出是为了他人，这也许就是你愿意做出并且可以做出的牺牲。

古代的禁欲主义者不信任快乐和愉悦的感觉，他们认为这样的感觉是多余的。快乐可以感动我们，让我们接近别人，接纳别人，所以快乐不是没有理性的。

成功地实现目标可以给我们带来快乐，快乐的出现可以证明我们做了好事，或者是自己认为有价值的事情。当我们的价值观得到实现时，我们会很快乐。快乐告诉我们，我们实现了自己的目标，成功地完成了自己认为有价值的事情。

担忧、焦虑和恐惧可以告诉我们不好的事情正在发生或即将发生。这些感情都是代表危险的红色旗子，必须得到我们的注意。恐惧往往指将来的事情，即预见到糟糕的事情即将发生。恐惧的感情出现时，会伴有不安的感觉。

长期的、一般的害怕就造成了焦虑。人出现焦虑时往往觉得会发生麻烦的事情，感觉起来就像是精神的慢慢衰竭。当没有潜在的威胁而我们仍然感到焦虑，当焦虑变成了一种长期的状态，我们就不再仅仅是体验这种感情了。那时，我们感到焦虑的症状被心理学家们称为焦虑错乱。

当事情没有按照计划进行时，我们会感到惊讶。惊讶可以告诉我们，由于发生了意料之外的事情，我们的计划将不会成功实现。惊讶会使我们的注意力集中在新出现的问题上。

惊讶发挥了重新定位的功能。当我们感到惊讶时，我们会放弃手头正在做的任何工作，去寻找惊讶产生的原因。我们会睁大眼睛，看看到底发生了什么。

我们喜欢的东西被夺走了，我们会为这种失去感到悲伤。悲伤可以让我们产生这样的想法：我们想要的东西不会再有了。

悲伤这种感情还存在于人与人之间互动的一面。我们感到悲伤时，就不会对任何人构成威胁，我们需要在最关键的时刻得到别人的支持和帮助。

社会感情或者说衍生感情比基本感情的文化色彩要浓。在了解了这些社会感情产生的基本原因之外，我们必须了解整个群体或社会的准则，这样才能掌握这些感情发生的时间和条件。

1.厌恶

厌恶是一种社会的或者次要的感情。厌恶划定了我们认为可以接受的行为和不能容忍的行为之间的界限。厌恶的产生有其文化原因，因此，我们必须认识到令某个人厌恶的事物并不一定会使其他人也感到厌恶。

厌恶最初的产生目的是防止我们吃有毒的东西，现在却演变成为了一种可以由很多原因引起的复杂感情。令我们产生厌恶的举动是与我们认为合适与不合适的主要观点背道而驰的。厌恶可以确保我们的社会价值观完好无损：当我们不再为某件事而感到厌恶时，就意味着我们的价值观发生了变化；如果针对某种举动我们的厌恶感增强，那也说明我们的价值观发生了变化，原来那些可以接受的行为现在已经不可以了。

2.羞耻和愧疚

羞耻意味着你没有实现自己的个人理想或价值，因此，羞耻和愧疚的感觉有相似之处。但在这两种感觉之间还存在着重要的不同点。当我们失败时，会感到愧疚；但是，我们是把导致失败的原因归结在自己身上、羞耻时却存有推卸责任的意识。羞耻和愧疚的另一个基本不同点在于注意的重点不同：在感到愧疚时，人们把感情的重点放在了动作上："看我做了什么。"但是，在感到羞耻时，重点则被放在了个人的失败上："看，我做了什么。"

3.窘迫

当我们意识到自己违反了社会准则或禁忌时，我们会感到窘迫。

我们对此表示理解，也在等待惩罚，同时希望通过谦恭的表现来平息被冒犯人的质怒，这就是窘迫的感情。窘迫是另外一种复杂的感情，它融合了许多简单的感情，包括羞耻和愧疚。窘迫的感情产生时，愧疚成为不言自明的事情，同时，你的错误被大家发现时，窘迫中也会包含着一些惊讶。感觉到窘迫、羞耻或愧疚有什么作用呢？这样的感情会让我们感到很难受，周围的其他人也会感到不舒服。但是，窘迫的感情发挥着重要的作用——防止暴力和争执的发生。如果我们无意间说了什么话或做了什么事让他人感到不愉快或伤害了他人，那么被伤害的对象也许会生我们的气。我们知道气愤会导致争吵或动武，这是更可怕的错误，所以我们需要表现出自己认识到了错误，对此表示遗憾并真诚地道歉。窘迫对涉及的被伤害对象来说就是一种明显的道歉。

感情可以被看做是含有 X 和 Y 的数学方程式，更准确地说，事件为 X，感情为 Y。感情包含了信息和数据，能够反映我们与周围环境的关系。那么，这里的信息可以告诉我们引起感情的事件。

我们能够将感情和各种不同事件联系起来，这种能力为我们提供了原因与结果之间的感情联系。如果我们听说某个同事丢了一大笔钱，我们就会猜想他现在一定感觉很糟糕。如果我们之后又听说这位同事的钱是另外一位一起工作的人员偷走的，那么我们就会猜想他现在一定很生气。

感情知识的积累从最基础的问题开始——了解感情产生的根本原因。感情知识的积累和能力水平的提高要求你对团队、组织和个人行为准则和价值有敏锐的洞察力。

假设你不断地失去工作，在每一份工作失去以后，你都首先会感到震惊，继而是伤心，最后会感到气愤。你从前的同事除非不和你见面，只要在一起就会小心翼翼地围绕这个话题讲个不停。为了不会引

受益一生的哈佛情商课

发你感情爆发，他们说话时的状态好像参加葬礼一样。

但是，丢掉工作的经历可以转化成感情上的醒悟。看下面这个故事：

被解雇后的心情

"很多年前，当收到解雇通知书时，我感到十分惊讶。我之前就预感到会有事情发生，但是，我没有想到那个不幸的人就是我。当老板告诉我，我的位置已经被砍掉时，我在尽自己最大的努力控制住自己的感情。我不想让他看出我的感受，因为我感到很开心。被解雇了还很开心？其实不完全是这样。在将近一年的时间里，我在自己的工作岗位上感到碌碌无为，于是，我打算离开现在的行业，重操旧业，做一名心理咨询师。我参加了两门咨询服务的进修课程，以咨询服务工作作为兼职，并开始搜集资料。正是由于被解雇才给了我重做决定的动力。"

另外一个例子是关于气愤这种感情的。不同人之间对可以引起气愤的事物的定义不同。在同一种行为中，人们对不公平或非正义的判断也会有不同。例如：

丹妮尔的提升

哈里的同事听说新来的丹妮尔被提升而哈里没有得到提升时，都感到非常生气，愤愤不平。他们说："哈里是最了解业务的人，这个新来的什么都不懂。""这只不过是为了换换口味罢了——她是个女人，是少数，所以才会得到提升。"同事们都跑到哈里的办公室里抱怨个不停，但是，大家却惊讶地听到哈里说："伙计们，冷静点。我没有一点不开心。她是真正合适做这份工作的人。上周，老板和我已经就这件事进行了长谈。丹妮尔在这方面很有资历。"

要成为高情商的人，关键在于你要从自己的思想和个人经历中解脱出来。

如何才能知道能够引起强烈感情的事物是什么？要找到答案，需要从分析自己的感觉开始。例如，想一想什么事情让你感到烦躁或伤心？试着想想你最后一次产生这种感觉时的情况，按照如下步骤对其进行描述：

(1) 描述一下使你产生这种感觉的事情。

(2) 在此之前发生了什么事情？你的感觉如何？

(3) 随着事情的发展，你的感觉发生了哪些变化？

(4) 记下你希望或者期待发生的事情。

(5) 在事情结束时你的感觉是怎样的？

(6) 试着回忆在这件让你烦躁的事情发生之后你的感情变化，并说明在自己感到好一些或者说感情稍稍积极一些之前你的感受是怎样的。

你可以针对其他感情问自己类似的问题。如果你善于观察别人，你还可以发现别人的爱恨情仇。想一想你是否曾经注意到自己的同事感到忧虑，然后回忆引起你发现其忧虑心情的事件。自己不要解释这些事情，要考虑你的同事是不是和你有不同的世界观。

感情是复杂的，感觉也是如此。有些感情结合了许多较为简单的感情，例如，"轻视"这种感情就包含了厌恶、气愤甚至是快乐等成分。情境也会导致复杂的、多重感情的产生，这种感情似乎是相互矛盾的，但却是事实存在的。你能同时感觉到爱和气愤吗？当然可以，不信你可以问问恋爱中的年轻人，问他们是否曾和所爱的人生过气。你能同时感觉到惊讶和悲伤吗？只要想想你接到意外的坏消息时的反应就行了。这就是说感情混合体和不同感情的相似性是存在的。"混合"感情包含了被认为是相互矛盾的两种或多种感情，至少在一定程度上，其中的两种感情是对立的，如快乐和悲伤。

理解感情复杂性的能力有利于我们更深入地了解自己和别人。

感情从本质上讲是会变化、发展和进步的。在通常情况下，感情不是一成不变的，它会随着感觉的减少或者加深而变化，这种变化会遵循特定的进程。对感情变化及其规律的了解表明对感情系统的成熟的理解。

我们可以进行某种感情模拟（或假设分析），进而预见感情的发展状态。正因为感情的产生有特定的原因，所以随着这个原因的发展或深入，我们就可以预见这种感觉将发生怎样的变化。例如，如果你感到"满足"，随着这种感觉的增长，你将感到"快乐"。

学会理解和表达感情

理解感情的能力是四项情商技巧中认识性和思想性最强的一项。理解感情的能力涉及关于感情的许多知识，也包含理解感情产生的能力、理解不同感情之间相互关系的能力、理解感情过渡的能力和将所有这些转化成语言的能力。

表 7-1　理解感情的能力

A 栏：熟练	B 栏：不熟练
能正确地判断他人	误解他人
知道该说什么	让他人感到不安
能很好地预测他人的感受	对他人的感受感到惊讶
感情词汇丰富	发现描述感情很难
能理解人会产生矛盾的感情	认为人的感情非此即彼
有成熟的感情知识	对感情只有基本的了解

让我们来观察一下这两种人，看看哪一栏描述的类型更可取。

无力化解冲突的经理人

苏珊娜为一家规模很大的零售业公司管理一个 12 人组成的计算机支持小组。苏珊娜所在的部门先是遇到了一系列小问题，但是不久之后，这些问题变得严重了，甚至成了让苏珊娜和整个公司头疼的事情。部门里一个名叫玛丽的女孩以受到歧视为由威胁说要提起法律诉讼；另外一个名叫乔治的员工已经向法院提起了诉讼，对于工作对自己造成的伤害进行索赔。

这些问题的出现对苏珊娜来说并不奇怪，因为在此前她也已经注意到了玛丽和乔治的表现。但是当人力资源部门打电话来和苏珊娜讨论玛丽不满的事情时，苏珊娜还是感到十分难过；在听到乔治已提起了法律诉讼时，她简直惊讶得不得了。玛利在被问及为什么觉得自己受到歧视时说，她觉得自己没有得到苏珊娜及其部门同事的尊敬。在与乔治的对话中，他反复地埋怨自己没有得到公正的待遇，以及自己的努力从未受到肯定等等。苏珊娜并不知道这些问题从何而来。事实上，这两件事情虽然和苏珊娜的价值观毫不相关，但是却是出自同一个诱因。

如果苏珊娜能将细微的感情线索联系起来，她就不会对这些问题的出现感到惊讶了。在这里就凸显出假设分析的重要性来了。作为分析的开始，苏珊娜可以提出这样的问题，那就是什么原因造成了两个人的气愤情绪。问题的答案就是自己感到受到了不公平的待遇。虽然苏珊娜知道玛丽和乔治两个人都存在气愤情绪，但是她不了解这些情绪产生的原因是什么。

感情假设分析的下一步就是了解气愤情绪如何随着时间的推移产生、变化和累积的。起初可能是由于模模糊糊的失望情绪，进而发展成为憎恨、气愤。如果继续任其发展下去，就会演变成一种遏制不住的愤怒。玛丽是一个很敏感的人，她做的工作不是苏珊娜重视的工作，这样微小的不尊重哪怕只有一点点也让玛丽感到失望。随着时间的推移，有失尊重的现象渐渐暴露出的后果变得日益严重。对乔治而言，他希望得到认可的欲望很强烈，由于没能够得到认可，他渐渐感觉自己得不到赏识，甚至感觉个人价值被上司和整个部门削弱了。但是，没能够判断下属的情绪并不是苏珊娜的失败之处，问题主要出自苏珊娜错误地理解了下属的情绪以及情绪的发展情况。

所以，我们认为，苏珊娜对感情的理解是极其有限的。

出色的团队领导者

列恩毕业于哈佛大学，不仅有学士毕业证书还有工商管理硕士毕业证书。他从事投资银行业务，并且小有成就。列恩为人坦率健谈、有敏锐的洞察力。列恩的感情词汇十分丰富，可以将复杂的感情解析成小的组成部分。当他带领的团队遇到重要的问题需要解决时，他总会设想并评估可能出现的感情状况。

在上一个财政年度中，他带领的团队获得了有史以来为数最多的红利。在技术泡沫破灭以后，今年的红利总数还不足市场繁荣时的10%。但是，他所带领的团队仍旧像上年一样努力工作着。虽然他们获得的生意越来越少，但是在大多数情况下他们花在工作上的时间却与日俱增。这样就可能出现一个大伤士气的事情：工作更加努力，薪水却拿到的更少，还有可能丢掉工作。

列恩知道，如果告诉自己的团队成员今年年底只能拿到很少的红利的话，整个团队成员势必会强烈反感。同时，如果他告诉整个团队不管他们如何努力，最终得到的都将会更少，那么势必会对团队的生产率产生消极影响。

列恩必须想出一个万全之策才能解决这个矛盾。他也明白，任何人都希望自己能够受到坦诚的、公平的待遇。所以，他做的第一件事就是让大家知道今年的红利情况。他把情况和大家说了，然后认真观察每个人的反应。他控制着每个人的期望值，同时指出，随着经济情况的好转，他们的生意会变得多起来，这样红利总数也会增加。然后，他预留出一小部分红利，用来奖励成绩突出且期望值也较高的成员。获得奖励的标准他已经和整个部门的成员讲得很清楚了。尽管列恩要勒紧腰带来使用预算，他还是挤出了一些钱请每个员工吃午餐，以表达对他们工作的认可。他将自己对员工表现的评价以及员工自己的汇报带到午餐会上来，以感谢他们长期以来坚持不懈的工作。

随着经济的好转，团队再次雇佣新员工时，人们发现列恩的团队成员主动离开的人在整个银行中是最少的，而且在此后的第二年成为工作成效最显著的队伍之一。能够取得这样的成就，原因是多方面的，但是在众多原因中，列恩对感情的理解是必不可少的一个。

感情词汇是我们与他人交流信息的一种工具，也可以为我们提供感情语言和感情事实。

任何一个领域的知识都有自己的术语。信息科技领域的人运用的语言也许对从事营销的人来说很不容易理解，销售人员的词汇也许和财务人员的词汇存在着很大的不同。如果缺少销售、营销、财务或者编程等领域使用的语言，我们就很难理解这些领域的微妙之处。对感情来说也是如此：要进行复杂的感情推理，你需要掌握感情词汇。

你需要多少感情词汇呢？人类情感的种类是否是一个有限的数字呢？是不是每个人都是不同的，都会具有不同的感情呢？人类个体感情的经历是千差万别的，但是，确实存在人类普遍具有的一些基本的感情。事实上，达尔文在《人类和动物的感情表达》一书中就已经有力地证明了确实存在着一些普遍具有的基本感情，不只存在于人类之中，而且也包含其他物种。

一个世纪之后，心理学家保罗·埃克曼提出了自己的感情理论，这一理论包含了一系列人类基本的感情，如气愤、恐惧、快乐、悲伤、惊讶和厌恶。其他研究人员也有自己的模式，其中较为全面的是由罗伯特·普拉切克提出的感情模式。

表 7-2 给出了基本感情的几个不同列表。

表 7-2　感情列表

普拉切克	艾克曼	汤姆金斯	伊泽德
快乐	快乐	快乐	快乐
接受			
恐惧	恐惧	恐惧	恐惧
惊讶	惊讶	惊讶	惊讶
悲伤	悲伤	悲痛	悲痛
厌恶	厌恶		厌恶
气愤	气愤	气愤	气愤
期待		兴趣	兴趣
		羞耻	羞耻
			愧疚
	轻视	轻视	轻视

在了解了人类具有的基本感情之后，你就可以学习感情语言并扩大感情词汇量了。要成为高情商的人，你需要有丰富的感情词汇库。如果缺少丰富的感情词汇，你也会因为不能够将自己的见解表达出来，而不能够与别人进行深入的交流。

感情词汇有程度上的细微差别，只有相当准确的词汇才能表达准确的感情含义。想想"羡慕"和"嫉妒"这两个词的区别；恼火、生气和愤怒之间的区别又是什么呢？这些词语是不同的，因此每个表达感情的词语蕴涵的意义也就不同了。

使用这些感情词汇的前提是，首先准确地了解要描述的感情，然后你要判断你所经历的感情的强烈程度，最后，选择合适的感情词汇来描述，并尽可能准确表达自己的感情。

感情是有规律可循的，感情的发展遵循特定的模式。情商的技巧之一就是能够分析感情假定情形，并确定我们及他人的感情将如何发展。理解了感情变化和转变的方式以及感情产生的原因，在一定程度上你就可以预见到未来——至少你可以判断出如果某件事情发生，自己或他人的感觉会怎样变化。

提高分析感情发展技能的方法之一是利用提供的感情提纲编故事。例如，下面就是利用"惊讶"和"震惊"两种感情编出的故事：

我坐在办公桌前想着，这个季度的销售情况简直糟透了，对公司的影响一定很大。老板却说我们的销售表现是受到了不良财务结果的影响，听到这番话，我感到很惊讶。但是，当我听说自己的位置被取代，也就是说我失去了自己的工作时，我感到十分震惊。

方法之二是排列感情顺序。例如，试着将下面的感情重新排列，使其合乎情理。列表的结尾应该是快乐。

欢乐情感的形成（顺序颠倒）：

高兴→愉快→快乐→开心→从容→自信→满足

要重新排列上面的感情可以有几种方式，下面就是以中性的从容为开端，以主动积极的快乐为结尾的一个例子。

快乐情感的形成（正确的排序）：

从容→满足→愉快→开心→自信→高兴→快乐

就感觉的产生原因而言，人与人之间存在着很大的差别。拿快乐这种感情为例。当你获得有价值的东西时，你会感到快乐，但是，不同的人对价值的定义又有不同。同时，感情也遵循某些规则，如果你了解了这些规则，你就可以更好地了解别人。

假如，今天一早你的老板急匆匆地冲进办公室，他比平时晚到了几分钟。他一般情况下是不迟到的，这次他看起来还有些心不在焉。一位同事用肘轻轻碰了你一下，轻声说："我敢说，老板今天心情不好。"然而，你的结论却截然相反，你知道喜欢棒球的老板之所以迟到是因为昨晚他带一个客户观看了一场棒球比赛。你猜想他今天早上心情一定很好，因为他看到了自己喜欢的比赛。你还知道比赛很精彩，双方势均力敌，最后老板所支持的一方赢了比赛。因此，你的结论是老板很疲惫，但是感觉很满足、很开心。

进入情境：运用感情（一）

思想和感觉是紧密相连、不可分割的。这不仅仅是因为感情可以推动思维，同时也因为那些感情可以强化我们的思维过程。进入合适的感情状态可以使我们产生有益的精神状态，而这种精神状态正是创造性思维、共鸣和想象力得以产生的重要条件之一。

有效运用感情的能力从一定意义上说是创造性思维的基础。当人们能够进入或者离开某种感情状态时，就会从不同的角度看待事物，这些角度的变化往往可以形成看待世界的不用方式。

能够运用感情推动思考的含义是什么？具备这一能力的人可以用

表7-3中A栏来描述，相反的一类人往往用B栏中的陈述来形容。

表7-3 运用感情的能力描述

A栏:熟练	B栏:不熟练
有创造力的思考者	注重实际、具体的事务
能够激励他人	不激励他人
当感情比较强烈时,将注意力集中在重要的问题上	心情不好时往往会忘记重要的事情
认为感情可以提高思维水平	感情较为单一,容易转移
可以体会他人的感受	感情完全集中在自己的身上,不会受到他人感情的影响
感情可以为信念和观点提供信息,也可以改变他们	感情无法改变信念和观点

受益一生的哈佛情商课

让我们来观察一下这两种人,看看哪一栏描述的类型更好一些。

李焕森在市场营销部门工作,但事实上,她的工作重点更多的是集中在销售而不是营销上。李焕森具备熟练的社交技能和分析能力,为人聪慧,是个乐观的人;她还很善于表达自己的感情,同时也表现出了敏锐的洞察力。但是,面对消极的感情时,她表现得就不一样了。当对话的内容涉及这些消极感情时,她就会变得惴惴不安并且马上转换话题,她要努力使自己表现得很开心、很愉快。

李焕森的另外一个方面也让人感到惊讶:她没有创造性的思维和新观点。她做事脚踏实地,注重实际和具体的事情,不重视想象力的作用。在那些有强烈同情心和深刻见解的人看来,李焕森对那些她认为是"爱埋怨的人"和"投诉者"的人没有给予很多的理解。她认为那些人没有理由只注意生活中的消极方面。

李焕森运用感情推动思考的能力很弱。她不想（也许没有能力）

激发感情并利用感情推动其思考问题、加工信息、作出决定或者理解他人的处境。这对李焕森和像她一样的经理人来说也许并不是致命的缺陷，但是，逃避感情往往反映出一个人思维模式的僵化。

朱莉娅在父亲创建的公司做金融分析工作。她的事业与其说是"选择"来的不如说是家族需要。她的父亲孜孜不倦地培养这个独生女，想让她作为公司的继承人，做金融分析工作就是她进父亲公司前积累必需的实际工作经验的第一步。

然而朱莉娅感到自己的事业并不那么尽如人意，她的事业中似乎缺少点什么，朱莉娅也决心找到自己到底缺少什么。她兴趣广泛，为人热情。公司虽然满足了她的某种需要，但是，工作范围却相当狭窄。她需要一块更大的画布绘制自己的职业蓝图。

听朱莉娅谈论工作、同事和自己的想法十分让人着迷。她想象力十分丰富，并且富有同情心，容易与他人产生共鸣。她能够真正体会他人的感受，并且能够将别人的感情经历和自己的感情很好地联系起来。她将这些感情融入了自己的思维，于是便产生了创造力极强、有深刻见解的观点。

几个月以后，她被一家刚刚起步的公司雇佣。这次，朱莉娅没有做金融分析员，她在营销和新产品开发部门担任副经理，这个职位为她提供了发挥创造力的机会。

我们不应将感情视为不速之客，相反应该将感情看做是思维和认知的重要组成部分，因为感情可以提高我们的思维水平。

快乐这种感情可以帮助我们萌发新观点，促使我们产生新的思维方式，探索事情的可能性。快乐就是拥有梦想并实现梦想。

快乐可以帮助我们更好地利用归纳推理解决问题，这些问题往往是我们遇到了一个普遍的问题、需要找到可能解决办法的时候出现的。

如果我们处在快乐的感情中，解决问题的创造力就会提高。快乐的人往往会牢记过去的事情，并把这当做是快乐的回忆。心情愉快也可以使人们感觉更慷慨、仁慈、友善。人处在积极的感情中时，决策的能力也会相应提高。这意味着积极的感情状态可以帮助我们产生更多的新观点和新选择。

处在积极感情中的人更倾向于依靠全面的知识结构。快乐的人比那些不快乐的人更倾向于搜集信息，更多地依靠总体的计划而不是细枝末节的东西。

但是，快乐的感情也存在着不好的一面。它们常常在解决问题时导致较多错误。快乐的感情一般可以说明我们做得已经很好了，或者已经成功了。因此，我们就有可能认为工作已经完成，于是停止更深入解决问题的努力。

进入情境：运用感情（二）

李文强来到单位时面带微笑，兴高采烈。他刚坐下来，老板走了过来，让他看一看下一年度的部门预算。李文强很高兴地答应了，并承诺马上就做好。他一页一页地浏览着预算表中的每个数字，工作效率很高。预算表中确实存在着某些错误，他把错误的地方圈点出来，并在空白处作了改正。

第二天，预算被作了修改，并准备呈交给公司办公室。这份文件十分重要，于是老板决定让李文强再最后看一次以确保所有的错误都能得到改正。李文强慢慢地走进了办公室，心情有些不愉快。"发生了什么事？"老板问道。李文强微微一笑回答说："没什么，我很好。"

他并不是情绪沮丧，但是，他确实是处在一种消极的情绪之中，尽管表现得不是很明显。李文强走进办公室，很从容地检查预算的终稿。他检查了第一次的修改之后，又看了看专栏部分，他惊讶地发现了另外一处错误，那是他上次没有发现的。于是，他重新回到预算的开始部分，仔仔细细地分析了每一行的预算数字。最后，他一共发现了五处错误，其中两处错误相当关键。

为什么李文强在第二次检查预算的时候做得更好了呢？是因为这次他更熟悉预算了吗？这种可能性并不大，因为当你熟悉某种事物时，你就有可能较少注意细节。唯一的不同在于李文强第一天情绪较为积极，而第二天则稍微有些消极。这一事例告诉我们，不同的感情推动思维的作用也不同。

人害怕的时候就会十分小心。害怕的时候，我们的感官就会更灵敏，肾上腺素会遍布全身。我们被全面调动了起来，随时准备行动。害怕会促使我们在遇到危险时努力逃脱。害怕不是令人愉快的感觉，但是轻微的害怕也许是有所裨益的。当所有人、所有事都不值得信任时，害怕会使我们进入一种思维模式。如果利用得适当，害怕还可以让我们对过去的推断进行重新思考，在陈旧的事物中发现新东西。

悲伤可以帮助我们解决演绎推理性的问题。当我们需要集中注意力在细节问题上或者在一系列事实中找错误时，我们就会遇到演绎推理性的问题。

生活经历会告诉我们从失败中学到的东西比在成功中学到的多，因为失败可以使我们在一定程度上失望或悲伤，我们可以看到自己的不足，找到从前没有注意的问题。同时，只有失败带来的悲伤情绪得到理智的运用时，失败才有可能成为有益的事情。

气愤会使我们的视野和世界观变得狭隘，把我们的注意力和精力集中在我们所认为的危险事情上。气愤有时也可以在必要的时候为我们注入能量，使我们有勇气纠正错误，对周围不公正的事情做出反应。

达尔文说得好："在发生出乎意料的或者未知的事情时，惊讶就会产生。我们感到惊讶时，会很自然地想尽快找到事情产生的原因；于是，我们会睁大眼睛，视野也就跟着扩大，眼球会很轻松地向任何方向移动。"

当意外的事情发生时，惊讶的感情会重新定位我们的注意力。我们的自满情绪被冲淡了，于是我们要全神贯注地倾听或者观察事情的新动向。

正因为思维和感情紧密相连，所以擅长运用感情推动思维的人更擅长激励别人。这些人凭直觉会知道什么可以鼓舞人、激励人、打动人。这就是管理和领导的本质所在，上述技巧是管理和领导的重要的感情组成。正如领导的定义中所指出的："领导关注组织运行中感情的作用，为管理工作注入生命和意义，并使其始终保持下去。"

内科医师往往被人们视为最理性的人。他们数年来的医疗训练无论从科学上还是学术上都是十分严格的。当然，他们是最不容易被瞬间的感情所影响的一类人群。然而，康奈尔大学的心理学家艾丽丝·爱森却发现情况并不完全如此。在实验中，她分别给那些学医的学生和医生每人一个小礼物，结果，他们作出诊断的速度更快，而且更准确。同时让人们感到有趣的是，这些"心情好"的医生诊断时往往提出了有利于病人治疗的建议，也提供了更多的咨询。

那么，认知的决策过程是如何被一个看似不合理的原因所影响的呢？专家认为，不管送出的礼物有多轻，它都会引起快乐的、积极的感情。当人们的感情相对积极时，他们更有可能表现得慷慨大方、乐于助人。同时，积极的感情也有利于更具创造力地解决问题，这也许就是医生为什么会做出更加准确的医疗诊断的原因。

我们的记忆也是和感情紧密相连的。例如，在进行测验的时候，你当时的感觉是否重要呢？事实上，重要的是进行测验时的感受要与学习测试材料时的感受保持一致。当我们记忆信息的时候，如果心情与首次获取信息时的心情保持一致，那么这些信息往往会被记得更清楚。这种现象被称作心境一致记忆。其实，这种关系十分直接：如果你在获取新信息的时候处于一种积极的情绪之中，那么当你需要使用这些信息的时候保持积极的情绪是很有帮助的。

对于那些富于感情的记忆，这种结果似乎表现得更加明显。一般来说，这些富含感情元素的记忆往往更容易回忆起来，而且间隔时间很长的情况下也不例外，感情不太强烈的事情就不那么容易回忆起来。

感情不仅包含着重要的信息和数据，而且还可以将我们的注意力集中在周围环境中比较重要的事情上。当我们感到害怕的时候，我们就会从周围的环境中寻找可能存在的危险。当我们开心的时候，我们的能量和注意力就会得到释放，于是我们就会大胆地探索周围的世界，寻找新的发现。

假如你正在上班的路上，你感到有些忧虑，也有点紧张，但并不确定自己是因为什么而感到不安。你开始想放在公文包里的预算数据表，那是到办公室以后要交给内部审计的。你心不在焉地挪开公文包里的手提电脑，重新审视那张数据表，看到第二页上有一个明显的错误。这时，你虽然感到紧张，但却精力充沛。你会把所有注意力都集中在这件事情上，认真检查每一行的每一个数字。你重新进入了运算过程，计算每一个数字是否有误。在这一过程中，你又发现并纠正了一处较小的错误。突然，你意识到车停了，你已经到站了。你一手抓起提包，一手拿着外衣及时地冲出了车门……

虽然紧张和忧虑会着实让你感到痛苦，但是，这些感情却可以得到有效的运用。它将你的思维集中在了极为重要的任务上，帮助你注意细节，并且可以帮助你寻找错误。

高情商的人能够准确地判断感情，了解感情和思维之间的规律，并且能够使感情与场合匹配起来。如果感情和场合没有匹配起来，那么该怎么办呢？

首先放松。放松可以让你变得无拘无束、灵活自如。无拘无束是改变情绪的关键，这样可以让你改变自己的行为和做事风格以便进入特定状态和心态。

其次提高想象力。当你变得更善于接受事物时，你就可以利用想象或者其他类似技巧产生各种各样的情绪和感情了。也许这很有趣，但是这样做的目的是产生不同的情绪以便能够产生不同的思维方式。然后，我们才能够产生有创造力的想法，感受他人的感觉（如共鸣）或者转换看问题的角度等。

开发想象力还需要一个步骤：将适当的身体感觉融入想象之中——你试图产生的那种感情应该有的感觉。

你要知道不同的感情都是怎样的。一种感情也是一种身体感觉，例如温暖、心跳和呼吸。将感觉和感情联系起来有利于我们找到一种更简单、更准确的产生感情的方法。试着体会与一些基本感情相关的感觉（见表7-4）。

表7-4 感情和感觉

感情	呼吸	心跳	肌肉	温度	位置
害怕	加快	加快	紧张	冷	腹部
气愤	浅而短	加快	嘴部紧张	热	全身
悲伤	低沉	减慢	放松	冷	胸部
快乐	减慢	微增	放松	暖	胸部

这是训练感觉的起点。你可以从关注和提高感情意识开始做起，

接着你要判断伴随感情产生的感觉。

如何才能培养感情想象力？下面的练习会帮助你学习这项重要技巧。

1.选择一种你希望产生的感情，然后考虑你曾经经历过这种感情的场景

如果想不起来一件具体的事情，也许下面的问题会起一些作用。

悲伤：你丢了价值不菲的东西。

气愤：你受到了不公平的待遇。

害怕：你担心糟糕的事情要发生。

惊讶：意料之外的事情刚刚发生。

快乐：你得到了非常想要的东西。

2.回忆当时的情形

考虑当时的情况是怎样的？相关的人有哪些？在头脑中勾勒当时的情景。如果你想不起来，想想其他的场景。最好是近来发生的，容易回忆起来的。

3.体会当时的感觉，特别是伴随感情出现的身体感觉

悲伤——天很冷，你感到你的心情很沉重，步履艰难，好像是脚上裹着重物一样。你略为蜷缩着身体。你的周围看起来一片漆黑。你在试着分辨不同的形状，好像在迷雾中一样。你的呼吸很慢，也很深。呼气的时候，你发出一种低沉的悲叹声。你低垂着头，嘴巴微微张着。

害怕——你的周围一片寂静，空气似乎已经凝滞了。要发生什么事情了，但是你又不确定会发生什么。你的所有肌肉都紧张了起来，你站着一动不动。你的心在怦怦地跳动，脸色渐渐变得苍白，嘴巴也干燥起来。

爱——一股暖流流进了你的全身。你禁不住笑了。你似乎发射出了一缕光芒，你确信所有看见你的人都知道你心中充满了快乐、激情和希望。你的心跳有些加速，整个世界都是绚烂多彩的。

气愤——你紧紧地咬着牙，凝神盯住那个人。你握紧双手又分开，一只手拍打着另外一只。你感到全身充满了热量，心跳开始加速。你紧皱着眉头，嘴角下拉，嘴唇和肩膀都紧张了起来。

快乐——你感觉很不错，很温暖，不是热，而是安全、满足。你感觉身体浮了起来，就像躺在盛满温泉的浴盆里一样。你笑着，不时地发出笑声。你兴奋得到处游走，好像在漫无边际地跳舞一样。

4.随时加强自己的视觉感受和身体感觉

加强想象可以帮助你体会不同感情带来的身体感觉。定格想象出来的画面，然后在头脑中重新以较慢的速度播放。随着每一个场景的出现，重新体会身体感觉。试着使画面更生动一些以加强自己的感觉。

5.用积极的感觉结束

如果你想象出来的是气愤、悲伤、害怕或类似感情中的任何一种，那么你要练习以另外一种不同的基调结束。想象一幅安宁的画面，你感到放松、愉快。不断加强这种感觉，直到它流遍你的全身。

改变情绪最有效的方式之一就是重复某些话语。这种做法产生的效果是微妙的，但是对改变情绪来说却是十分有效的。

如果你正在找可以改变情绪的话语材料，你要做的就是朗读下面的话语。最好是大声地读出来。当然，如果你认为当时不适合大声朗读，你可以选择不出声地默诵。

我很开心。

一切都在好转。

今天真好。

我感觉很不错。

我心情很好。

如果你已经很开心，但是如果你要参加一个悲伤或其他消极情绪的活动，你也许就要试着不让自己那么开心了。因此，那些被使用的话语必须要反映你要产生的情绪。

某些时候，我们应该感觉到伤心。失去了心爱的人或者发生了令人失望的事情都能导致我们产生悲伤的情绪。这种悲伤对我们自己和他人来说都是一种信号——我们需要得到安慰和支持。

但是，某些时候，当悲伤的情绪妨碍我们采取必要的行动时，我们也要把悲伤抛在一边。从古到今，历史上有无数历经坎坷的人们的故事。但是，历史上也不乏那些战胜了苦难，重新找回希望、力量和勇气的人们的故事。

无论是历史上的某些英雄还是曾有过壮举的民族，都有曾经处在消亡边缘又投入新世界怀抱的壮举。

无论是在大屠杀中被杀害的人们，还是被自然灾害吞噬的城市，都向我们讲述了重生和希望的故事，让处在低落情绪中的我们获得了激励和鼓舞。

当然，我们并不想拿自己的不如意和失望同这样的历史事件作对比。但是，这对我们学习他人如何处理感情冲突是不无裨益的。

努力提高你的情商

能够建设性地使用一些相关的技能，让你和他人每一天的交往变得更加积极、愉悦和富有成效。在此过程中，每一次的机会都能使你的能力得到更全面的发展，自我实现的水平更高。

从苦难中诞生的音乐家

雷·查尔斯，灵魂歌手、作词家、作曲家和音乐家，学会克服最彻底的不舒服，是他的个人能力和职业成功的诀窍。他是一个罕见的天才，能驾驭好几种音乐风格，他的作品使他在摇滚音乐殿堂、爵士乐以及布鲁斯音乐中成为奠基人。所有这些都是来自儿童时代差点被毁掉的人生经历。

在大萧条期间，雷与他的母亲及弟弟生活在贫穷之中。当他3岁时，他的弟弟淹死在一个特大型洗衣盆中。在那年晚些时候，他开始丧失了视力。7年以后，他的妈妈去世了。他在自传中描述他妈妈的死是："在我整个生活中最具毁灭性的事情——什么都没有了。从那时候起，我完全置身于另一个世界。我不能吃东西，不能睡觉——我整个人进入了另一个世界。最大的问题是我不能哭，我无法让痛苦离开我，那会让事情变得更糟。"

邻居有一个叫马贝克的中年妇女，看到雷在他妈妈去世之后变得非常孤僻，于是在某一天把雷叫到一旁，逐字逐句地告诉他，他的妈妈希望他能运用自己的天分坚持过自己的生活。当他后来作为一个成年人描述这件事情时，他说他第一次在她的家里哭了起来："像婴儿一样号啕大哭，为积累下来的所有痛苦号啕大哭，为失败和不幸以及妈妈曾经给予过的甜蜜号啕大哭。"

那天他克服了心中的极端痛苦，最后他把这些经历带给他的情绪写进了他的音乐中。他说那些事情"非常奇怪，对我来讲格外实在。从那时起我完成的所有作品，真的都是来自于和那些事件相关的亲身经历"。痛哭和呼喊成为他对流行音乐贡献的标志。

个人能力是了解你自己及尽最大努力利用你所拥有的东西做自己所能做的事情。它不要求完美或者对你的情绪有完全的控制，相反，它允许你的情绪通过一定渠道表现并指导你的行为。

提高个人能力的最大障碍是自我意识会努力逃避不舒服的趋势。人们通常无法对从未思考过的事情进行合乎逻辑的推理，因此，当他们面对自身不足时常常会感到刺痛般难受。克服不舒服是有效改变的唯一途径。

你的目标应该不仅仅是避免情绪用事，更重要的是，你要朝向它、深入它，最后超越它。

当你忽略情绪或让情绪起伏最小化时，不论这种情绪有多小或者有多么无关紧要，你都会因此错过利用此情绪做些更有效事情的机会。更坏的是，忽略你的情绪并不会让你远离这些情绪，因为这样做只会在你不希望这些情绪出现的时候再次出现。

为了改进你认识情绪的能力，你需要考虑人们表达的情绪范围。

我们有如此众多的词汇来描述在生活中产生的情绪，但是所有情绪都是五种核心情绪的引申：幸福、悲伤、愤怒、恐惧和害羞。每种情绪都会以不同的强度、不同的形式表达出来。如果你能了解到情绪是一种复合体，就能帮助你理解每种情绪的真实状态（见表7-5）。

为了精确地认知一种情绪，你也必须注意到内部的强度调节器——与情绪伴随而来的思想与身体上的征象。

这些征象不是这些情绪本身但却是伴随它们而来的思想和感觉。例如，你的大脑可能会一片空白；你可能感到热、冷或者麻木；你的心脏可能会无节奏跳动或者跳动加速；你可能会感到肌肉紧张或者出现幻觉。

每个人的内部强度调节器都不一样。思想和身体上的感觉非常好地体现了你对发生这种情绪的环境所做出的常规反应。

实践情商技巧帮助我们在每一种可能的环境下能更加熟练、更加迅速地给情绪定位并运用情绪增强我们的优势。

我们所知道的拥有"极高情商"的人只不过是那些在这个过程中领先的人。确信无疑的是：为了尝试提高情商，他们早期都有太多失败的故事。现在他们显得悠闲了，他们的技巧好像很容易获得，甚至不可思议地能一直保持着，这些也不过都是表面现象。

表7-5 不同强度的情绪征象

情绪的强度	幸福	悲伤	愤怒	恐惧	害羞
高	得意洋洋、激动兴奋、狂喜、喜悦而颤栗、喜悦充溢、欣喜若狂、热情激动	情绪低落、失望、愁闷、伤痛、沮丧、绝望、悲痛、不幸	狂怒、大发雷霆、暴怒、激怒、愤怒、大怒	恐怖、毛骨悚然、僵硬吃惊、惊呆、害怕、恐慌	悔恨、懊悔、卑劣、卑鄙、耻辱、不光彩
中	令人愉快、情绪高涨、令人满意、宽慰、满足	心碎、情绪低落、心烦意乱、不舒适、遗憾、忧郁	不快、生气、发怒、懊恼、不安、憎恨	担惊受怕、害怕、恐吓、令人担忧、不舒服	抱歉、毁谤、偷偷摸摸、内疚
低	高兴、满意、愉快、美好、喜欢	不幸福、忧郁不快、沮丧、不知所措、糟糕、不高兴	烦扰、烦恼、紧张、困扰、烦躁、易生气	担心、紧张、胆怯、不确定、焦虑	窘迫、失望、辜负

如果你刚刚开始认识你的情绪类型与不舒适的类型，那么你可以尝试写下一些你在烦恼或无能为力的情况下所看到的、所做的、所思考的和所感觉到的东西。

这将帮助你发现当情绪对你发挥最大作用时什么样的行为会让你成为其牺牲品。与朋友们或同事们交流可以获得更深远的一些看法。他们能帮助你认识你的情绪类型，帮助你在发生的事情和你做出反应的方式之间找到联系。

克服自我情绪的不舒适也包括提早计划好如何应对不舒适的到来。

如果每次你走进本地电子商店，你会对那里新的小玩意感到兴奋并买回一些你实际并不真正需要的东西，那么就计划好你离开那里回到家中时的失望情绪的策略。正如对马拉松的准备能导致更好的成绩一样，对艰难情况的准备能提高在艰难情况到来时管理你自己的能力。

当你因为情绪的不舒适让你感到意外而不能提前做好安排时，在对此采取任何行动之前停顿一下。

你可能需要几十秒钟、一天甚至数周时间。如果你仅仅需要几分钟，就做做深呼吸。当情绪变得强烈的时候，最好慢下来，在继续前进之前思考一下。

另外，自言自语是一种控制你下一步情绪及下一步行动的强有力的方法。

在一般情况下，这种自言自语是悄悄地在你头脑里进行，且应当是指向你所期望的目标。假设你想打电话给一个你认识的女孩子，要求与她约会。如果你一直在脑海里不停地说："她可能会说'不'。她为什么非得和我一起出去呢？"那么，你永远不可能与这个女孩子约会。如果采用某些更加积极的自言自语，则会改变在你头脑中的印记。比如，"我打个电话会失去什么？如果我不打，我将永远失去机会；也许她会说好的。"

与其他人交谈也是理解和管理你情绪的极好方式。

向那些可能会从更客观的角度看待你行为的人寻求建议。如果情况极其艰难或复杂，你可能想要获得第三方或第四方的意见。没有什么事情比因为仅仅只有你自己的错误意见而让自己陷入困境更坏的了。要点是没有必要问其他人你该如何做，只需要询问他们如何看待这种情况，他们便能够给你提供用来管理你情绪和把你自己带往你想要去的方向的全部信息。

每年在新年第一天，有超过2亿的美国人尝试以某种方式改变他们的行为。借助日历的变化是干干净净抹去旧账的最好选择，它以一种全新的开始激励着人们的变化过程。但是大多数人的变化热情从来没有超过新年的头几周。到 2 月 1 日，有超过 1.3 亿人的新年改革决心随着他们情绪状态的衰减而失败。有改革决心的人群中有 1/3 的人能通过勤奋的实践越过最关键的头六个月，然后在整年保持下来。如果训练某种行为的实践足够长，它就会保持下来并延续下去。为了让一项新行为继续，需要付出巨大的努力，但是一旦训练了你的大脑，它就成为了一种习惯。研究已经证明，在情商方面的持续变化需要很长时间，一般来说，在新技能第一次被接受以后，经过 6 年以上的时间，这种新技能将变成你的习惯。因为你不再需要考虑它们，因为它们已经成为你的全部技能中天然的组成部分，所以你会在日常行为中持续使用这项新技能，并在以后的年限中享受这种习惯所带来的益处。

你的内心感觉是你的内在"红绿灯"。它们告诉你是通行、停车，还是当心。聆听你的内心感觉，在你面对一个决定时——例如，房子、配偶、工作或经营意见方面的问题——如果你的内心感觉告诉你"不"，那么就应该把它作为"红灯"来对待。如果你不能确定，那么应该信任自己的感觉；这时，它就是一个提醒你当心的黄灯。你需要对自己正在做的事情的风险性重新审视一遍，思考作出决定后可能会出现的潜在后果。你还需要仔细检查其他人的观点和意见。如果你清楚地了解了其中的利与弊，那么你就得到了绿灯——你的内心感觉告诉你，为了它，你可以放心前进——你可以放手一搏。这是个人力量的源泉。你已经做出了一个自己坚信不疑的决定，你深信这种力量有助于让他人信服。

当你接收到内心的红灯和黄灯警告时，如果依然决定前进，那么你就可能碰到难以果敢地作出决定的麻烦。你可能会反复地质疑自己的动机和作出的决定是否明智，这时你就会变得非常容易受到挫折的攻击。所有迟疑不决的麻烦，都将产生自信缺乏和压力加大的结果。与此形成对照，凡是感觉有信心的决定，可能都会使你的决心和意志更加坚定，就像诗人歌德所说的：一旦你承诺采取行动，运气就开始改变。

我们要保持积极的状态，保持积极状态的步骤：

第一步：回忆过去曾经拥有过的自信、成功或平静镇定的某个状态。

第二步：通过走进这些状态，看、听和感觉当时经历过的东西，重新体验当时的美好感受。

第三步：当这种感觉达到最强烈时，把它与某个图像或色彩联系起来。

第四步：为这种感觉加入激励性自我对话，例如"我能做好它"或"我已经为所有事情做好了准备"等。

第五步：反复多次运用相同的图像进行自我对话，直至自己能够自动激发那种状态为止。

提高情商运用技巧

感情技巧真正的价值在于提高服务自己和服务他人的愿望和能力。下面展示一些如何将感情蓝图应用到生活中的实例，希望这些感情蓝图的事例可以激励你找到合适的方法把情商应用到自己的工作、生活中去。

裕纪的故事

裕纪的公司决定离开纽约市，但是，她却认为自己无论如何都应该待在那里。在日本，裕纪曾经是个金融领域成功的实业家，也是个小有名气的人物。在纽约，她想要开一家小规模的风险投资基金公司，而且她已经成功地获得了一个富有的日本投资者的小额投资。

裕纪被介绍到总部在西雅图的一家吸收基金的美国公司。于是，裕纪要坐飞机到西雅图与公司人员会面，但是，中介公司却没有及时安排好裕纪飞西雅图的飞机。裕纪感到很失望，于是打电话给西雅图公司总部的执行总裁，正好总裁要在下周去纽约。于是，他们决定在纽约见面。

裕纪是个很积极乐观的人。她愿意和消极的感情斗争到底，也总是努力避免消极的感觉，在听到坏消息的时候，第一反应就是试着"让自己平静下来"。她掌握了十分熟练的感情技巧，无论什么时候产生消极的感觉时，她都会马上运用这些技巧。于是，问题就解决了。

做到乐观积极是一回事，而不让自己体会消极感情就是另一回事了。裕纪去做的是一个重要的投资项目。如果西雅图公司总裁的说服力很强，那么裕纪就要将自己总投资的相当一部分交给总裁，来实现总裁的设想。

我们知道，处在积极情绪中的人倾向于看问题的全局，将注意力集中在各种可能性上。他们不会注意细节，也不去分析掌握的信息，从中寻找可能出现的问题。裕纪总是避免消极的感情，所以她也许不会仔细全面地看西雅图公司总裁的计划书，这是很危险的。

裕纪当然很明白危险的存在。她知道自己只注意积极的感情，也认为长期处在积极的情绪中未必总是最佳的策略。事实上，她也想起了从前的一些事情，那时候，积极的情绪曾给她带来了麻烦。因此，裕纪要在找到自己需要的信息，对公司面临的风险作出评估之后再决定是否投资，这才是处理问题的正确方法。

在总裁做介绍时，裕纪感到自己沉浸在总裁的兴奋情绪之中不能自拔。尽管这样，她还是产生了一种想法："这是我现在想要的感觉吗?"裕纪决定让自己平静下来的同时，心中有一个不同的目标：一定要把情绪由高涨乐观降低到中性甚至是有些消极的情绪之中。

裕纪把注意力更多地集中在市场营销计划和公司转移市场的计划上。结果她发现，在计划的推理中存在着很多问题。当然，她认为有些严重的问题可以纠正过来。所以，她和总裁进行了一次颇有建设性的讨论，并且提出了公司方面需要作出的保证。

当时她提出自己的判断和评论后，执行总裁表现得有些惊讶，或许也因为自己没有想到这些问题而感到有些尴尬。

裕纪做到了按照感情蓝图的四个步骤进行思考。首先，她对自己和他人的感觉进行了判断。同时，她产生了能够帮助自己集中注意力在细节问题上的情绪。然后，裕纪试着了解潜在的问题、他人的感受和他人产生这些感受的原因。最后，裕纪接受了令她不快的感觉，对感情中包含的信息进行了分析，最终取得了满意的结果。

拉塞尔的故事

拉塞尔从来就不是一个乐观的人，虽然他并不悲观，但是却很忧郁沉默。

拉塞尔从前的主要工作就是确保银行家和交易商之间的交易合法。因此，他必须很清楚证券和银行业的法律法规，向客户解释这些法律法规，并最终批准交易的达成。他特别擅长寻找差异和错误，可以在无数页数字、表格和宣传文案中找到弄错的地方。

他的工作做得很出色，所以得到了晋升。在新岗位上，拉塞尔需要向投资银行部门介绍如何更好地处理规章制度方面的问题。从表面上看，这份工作很刺激，因为这份工作可以给他提供与投资银行部门人员友好交流的机会。

但是，新工作给拉塞尔带来了难题。他似乎还沉浸在原来的工作之中。他还是把注意力放在寻找制度的问题和银行家如何没有理解政策等方面。他对未来没有计划，也看不到希望。

拉塞尔在工作上遇到的困难和问题主要是因为他在运用感情推动思考方面以及控制感情方面存在缺陷。

拉塞尔能够很好地应对消极和中性的感情，他能够很容易地进入略为消极的感情之中，而自己却没有意识到。对他来说，这已经成了工作的一部分。然而，在得到新工作之后，他找错误和注意细节的特点丝毫未减。从前在工作中比较合适的消极情绪现在已经行不通了。

拉塞尔的情商训练计划十分简单——他需要做的就是承认感情与思维之间的联系，将情绪与手头的任务协调起来。对拉塞尔而言，承认感情和思维之间的联系并非易事。作为一个做分析工作的人，拉塞尔十分重视理性思考和判断，他并不认为感情在工作中有任何作用，特别是在自己的工作中。然而，凭借他的分析能力，他能够很快将这个障碍转化成帮助他的工具。

拉塞尔很快就接受了情商就是一系列技巧的观点，并且他喜欢研究感情在思维中的作用。他迷上了对情商的研究。他注意观察了自己平时的情绪，包括情绪如何变化以及这些变化如何改变他的观点。他开始记感情日志，在日志中，他试着将事情和想法与情绪的变化联系起来，这就为他提供了重要的信息。有了这些信息，拉塞尔就可以了解自己如何产生某种情绪了。例如，拉塞尔曾经渴望成为一个渔民，当他想到孩提时和父亲一同去北部安大略湖时，他的情绪就渐渐高涨了起来。总之一句话，他现在变得快乐多了，不那么消极，也不那么爱挑毛病了。他现在不仅可以设想多种不同的感情情景，而且能够在合适的时机将这些情景派上用场。

经过几个月的刻苦学习，拉塞尔已经能够很轻松地产生积极情绪了。在之后的几个月中，拉塞尔在思考问题的时候似乎更有创造力了，他也能够体会到他人的感受了，所以与客户的关系也得到了改进。

曾经很低调的拉塞尔仍然是一个情绪很低调的人。他喜欢低调的情绪状态，这样的情绪让他感到很舒心。他的个性和性情都没有改变，但是，他已经掌握了一种新的技巧。

孙茜的故事

孙茜当护士已经好多年了，她主要在神经外科工作。她很喜欢自己的工作，也很擅长，但是在一次事故之后，她发现自己几乎无法走路了。经过恢复性治疗，她虽然又重新可以走路，但是不得不换一个职业，因为她已经不能长时间站立不休息。

孙茜重新回到了学校，并以第一名的成绩获得了运筹学硕士学位。她比较喜欢内部审计，因为她认为内部审计和手术室里的危机管理环境相似。孙茜利用自己的诊断技巧分析问题，但是之后就会把工作交给别人，像她在手术室的工作一样。

在一次审计中，她发现了一个错误，涉及的价值达1250万元。孙茜认为那仅仅是个错误，银行会向证券交易委员会承认错误，并主动采取行动消除产生问题的根源。但是，银行行长却不想听到这些话，他对孙茜说"给我找个不会发现问题的顾问"。

孙茜不同意这个建议，但是行长仍旧一意孤行。在孙茜被命令掩盖错误的1个月之后，人力资源部的代表布莱德突然来看她。他花了好长时间才说出自己来的真正目的，他告诉孙茜银行不再需要她的服务，并且，孙茜被解雇和顶撞行长没有任何关系。

孙茜的情商技巧是她的长处，通过情商分析我们发现，也许部分是由于这些技巧导致她丢掉工作。我们的分析从判断感情开始。

孙茜知道布莱德肯定有事情要说。布莱德感到紧张时总是"轻轻地敲着自己的手指",说话时也不看着你。在和孙茜谈话时,布莱德就是这样。所以,孙茜仔细进行了观察。

当布莱德说到关键的地方时,孙茜已经准备好了。布莱德告诉她其职位被取消了,银行也不再需要她的服务了。孙茜对这样的决定自然感到不开心,也很不安,因为在这件事上,银行做得不对。但是,正如她所说的"如果我生气了,我就会把注意力集中在错误的原因上"。孙茜需要听取布莱德的信息,需要从银行的角度看待问题,包括布莱德和银行行长的角度。孙茜理解感情并进行推理的能力让她找到了正确地处理问题的办法。

孙茜很明白世事多变的道理。她看到了布莱德说话时的不安,也理解行长的左右为难。她知道这些人的感受,也明白他们为什么会产生这样的感受,也就是说,她理解感情的能力十分出色。后来,有人问她事情是不是有些不公平,她回答说:"这完全取决于你看问题的角度。他们把我看做是容易发炮弹的大炮,我可以理解。"

孙茜尽全力要求银行承认财会上的错误,并且直接面对问题毫不回避。不管人们多么希望问题能够自然消失,想要对问题视而不见显然不会起作用。孙茜展示出了自己控制感情的能力,因为她接受了感情,并且希望受到感情的推动采取行动,使自己的行为符合公司的利益。虽然她的努力没有成功,但是她的做法很值得称赞。

不管在手术室还是处理审计问题,孙茜都试图从人性的角度出发。孙茜不是一个强有力的领导者,她也承认这一点。她愿意充当二把手,这就能够使她的判断力、理解力和全局观得到充分发挥。

但是这些在这种情况下远远不够。尽管孙茜拥有这些技巧,但是她却没能够实现自己的目标,这个故事的结局并不令人满意。当别人问她这个问题时，她说她宁愿结果不是这样，也许其他人会比她做得好。同时，她也指出自己无论如何都不会做出有悖于价值观和道德标准的决定。在强大的压力之下，孙茜愿意也能够保持自己的立场不动摇。

如果孙茜运用了感情蓝图的技巧，事情的结果会不会不同？也许吧。如果预期目标是让行长接受孙茜的建议，就要更好地了解行长的感受以及这些感受如何指导他的思维。通过感情假设分析，我们需要考虑，针对不同的建议，行长会作出怎样的反应以及这些反应通过何种方式表现。为了让他接受不舒服的感觉和恐惧，孙茜应掌握行长的感觉，这样或许会让她获得做出正确抉择的观察力、愿望和能力。

结果是孙茜丢掉了工作。尽管孙茜再次找到一份新工作并没有花很长时间，但是孙茜的诚实和正直没有得到回报，所以这看起来还是不公平、不公正的。我们不知道如果重来一次结果会不会不同，但是我们得到了经验教训，即尽管这个世界有时候会给高情商的行为以回报，但运用感情的能力和信息却一定是正确的事情。我们希望高情商的人不仅能够正确地做事，而且能够"做正确的事情"。

情商技巧练习

（1）回忆一段你处理得很好的感情冲突——这起冲突涉及你和另外一个人，起初情况很棘手，如果处理不好可能产生十分严重的后果，但是，最后问题得到了很好的解决。

（2）涉及的人是谁？

（3）描述当时的一些细节。

（4）产生感情冲突的原因是什么？

（5）每个人（包括你自己）都做了些什么？

（6）解决问题的途径是什么？

（7）你从中学到了什么？

（8）感情危机得到解决的时候，你的感觉是怎样的？

（9）记下当时的具体情况。在笔记中要包括感情词汇。用你的笔讲述一段你自己的故事，故事要能够引起强烈的回忆和希望。

这个故事就成为了在艰难时期鼓舞你产生积极情绪的工具。最好你可以迅速地并且绘声绘色地把这个故事讲一遍。即使你只是想起了这个故事的情景和感觉，你就已经朝着积极情绪的方向迈进了。

第八课 情商与交际：
发散情商磁场，瞬间影响他人

　　当生活的频率较慢且可以预见时，人们容易保持乐观、冷静和理性。但当今，无论在家中还是在单位，我们的生活都充满了变化和"忙碌"，以前关于工作关系的观念现在完全不适用了。你必须明确如何用新的和不同的方法与别人保持互动，有效地利用情感技巧影响他人。

　　哈佛情商课认为，高情商的人不仅能够控制自己的感情，还能够控制其他人的感情。在社交中，高情商者能够通过思考他人的想法，想象他人的感觉，来把握他人意欲行动的方向，进而达到增进情感、促进交际、营造和谐稳定的人际关系的目的。

掌握与他人沟通的技巧

　　哈佛管理学大师西蒙曾经这样描述沟通："沟通可视为任何一种程序，借此程序，组织中的一员将其所决定的意见或前提，传送给其他有关的成员。"

　　真诚有效的沟通，能拆除领导者与员工中间的墙壁，正确运用沟通手段，可以帮助企业建立一支以协作工作为中心的强健的员工队伍，可以增强企业的竞争力和凝聚力。

　　正如哈佛另外一名管理学教授韦恩·佩思所说："沟通是人们和组织得以生存的手段，当人缺乏与生活抗争的能力时，最大的根源往往在于他们经常缺乏适当的信息，不充分吸取组织的信息，除了本身的努力之外，很大程度上在于他们是否拥有重要的信息和完成工作的技巧，而这些信息和技能的获得，又取决于在技能学习和信息传递过程中的沟通的质量。"所以，充分有效地沟通是一个组织提高效率、增强竞争力的关键。

　　正因为沟通是如此重要，哈佛商学院的学子必须一方面塑造自身超强的沟通能力，另外一方面还要在所领导的团队里面建立高效的团队沟通机制。

　　现代快节奏的工作和生活迫使人们成为高超的沟通者和信息管理者。在工作中，进行充分的沟通能防止误解指令等问题的出现，并且有助于减少时间和精力的浪费，从而提高生产力。在生活中，有效的沟通能够避免产生误解，有助于建立良好的人际关系，增加生活的乐趣。

沟通过程包括以下几个步骤，它们依次发生，即构思、编码、传递、接收、解码、理解，最后是采取行动。沟通的过程是循环往复的，信息接收者在解读、理解信息，并采取行动后会发出自己的信息。因此，这个循环过程至少重复一次。

构思。这个阶段是信息发送者的想法或信息在脑海中产生并构建成形的阶段。

编码。这时，想法被组织成一系列符号，如语言、手势、肢体动作或图画等。

传递。信息以口头、书面或非语言的方式传播。

接收。另一方接收到了信息。

解码。信息发送者向信息接收者发出的信号被解码。

理解。解读之后就是理解。当存在沟通障碍时，理解也许会受到限制。

行动与反馈。理解有时会引起行动。行动也是一种反馈，因为它是信息接收者向信息发送者发出的信息。

沟通过程中的行动步骤对于实践有着重要意义。在信息发出后，你通常会跟踪观察对方是否采取了相应行动。你对发出的信息进行跟踪能帮助你了解其是否被对方理解，也可以促使对方采取行动。有效沟通所包含的内容，不只是发出信息，然后消极等待你所期望的行动出现。

工作中人与人之间的沟通有几种传递方向。有些信息是向下传递的，比如从高层经理传送至员工。有些信息则向上传递，比如新来员工发给副总一封电子邮件。也会有平级交流，比如一位同事传递信息给另一位同事。除了有多种传递方向之外，信息还能沿着正式与非正式渠道传递。

信息传递的官方渠道就是正式沟通渠道。假设一位销售部门的助理想出了一个她觉得能够促进销售的主意——在互联网上销售（或称电子商务）。她传递消息的正式渠道大体如下：

助理→销售主管→市场营销副总裁→总裁

个人之间的信息传递渠道远多于组织结构图设计的渠道或其他正式沟通渠道。非正式沟通渠道是一种非官方的沟通网络，是正式渠道的补充。许多非正式渠道的出现是必然的。例如，为了解决一个技术难题，员工可能会向所在部门之外的某人咨询。非正式渠道的另一个重要用途是，它们能解决一些最令人困惑的沟通问题。

人与人之间一大部分的沟通是在非语言的层面发生的。非语言沟通是指使用语言之外的方式传递信息。这种信息有时伴随着语言信息一起产生，有时则单独产生。非语言沟通的最大目的是要传送信息背后的情感。

艾伯特·梅拉宾的一项被大量引用的研究生动地表现了非语言沟通的实用性。他统计出了沟通过程中所有 3 种要素的相对权重。我们的语言对于他人情感的影响只占 7%，我们的音调占了 38%，我们的面部表情占了 55%。因此，非语言沟通对于情感含义的表达占了 93%，如图 8-1 所示。这个著名的研究不应该被理解为 93%的沟通是非语言的。它只是用来说明信息的不同要素对于他人情感的影响大小，并不意味着信息本身的内容不重要。

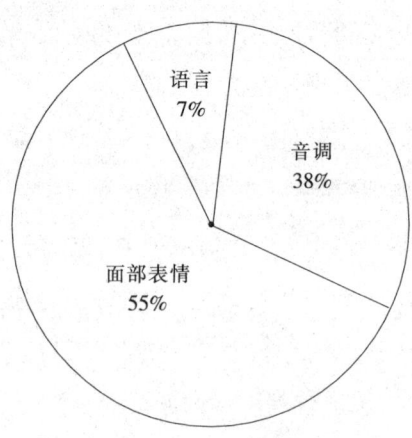

图 8-1　情感对于信息的影响

运用非语言沟通的传播模式

非语言沟通的传播模式有 9 种，具体如下。

1.环境

传递信息所在的环境或背景将影响到信息的接收。假设你的主管邀请你外出午餐去讨论一个问题，你会觉得这比在公司的餐厅吃饭讨论的问题更为重要。环境中另外一些重要的无声信息包括房间的颜色、温度、灯光和家具摆放。例如，一个坐在整洁的大办公桌后面的人，要比一个坐在杂乱的小办公桌后面的人显得权力更大。

2.人与人的距离

一个人的身体相对他人身体的定位经常被用来传递信息。大体上，身体与一个人接近就表示持积极态度，张开双臂环拥某人被认为是友好的举动。

3.姿势

姿势传递着多种含义：站得笔直表明信息传递者很自信且心态积极；站姿懒散则会显得缺乏自信或心情沮丧。向他人倾斜暗示你很愿意接收他的消息，向后倾斜所表达的含义正好相反。双臂或双腿张开暗示着有兴趣或很关心；与不喜欢的人谈话时，人们通常采取封闭式的姿势——双臂交叉和两腿交叉。

4.手势

频繁的手势表示了对他人的积极态度；相反，人们在厌恶或不感兴趣的时候通常不做手势。有一个明显的例外是，有些人在争论的时候会挥舞双手，有时则做出威胁的姿势。也有人说手势暗含了主导与服从的关系。主导者具有代表性的姿势是由里向外、朝向对方的，比如，坚定不移地凝视和触碰伙伴。顺从者的姿势通常是保护性的，例如触摸自己或耸动肩膀等。

5.面部表情

如果将头部、面部及眼睛的动作一起配合使用，那么就能暗示对于交往的态度是积极还是消极。如果一个人不时仰起头，眼睛看着天花板，并配以严肃的神情，一般会向对方传递这样的信息："我怀疑你说的是不是真的。"保持与对方的眼神交流会促进人们的沟通，为了保持眼神交流，头部与脸部通常也必须跟着眼神一起动。如果头部和脸部转向其他地方，同时眼神也不注视对方，这通常被解读为有戒备心理或缺乏自信。

6.语调

语调是指音调、音量、音质以及语速等方面。工作中频繁出现的3种情绪——愤怒、无聊和高兴——通常能通过音质进行辨认。当说话人的声音大、语速快、音调尖锐，声音起伏和发音清晰程度不太规则时，则显示出愤怒情绪。中等音量、音调和语速，音调没有起伏，则通常暗示无聊情绪。声音响亮、音调高亢、语速很快、激昂向上，并有节奏感，则通常表示高兴。但是单凭音质就下定论会出现很大失误，一位同事声音尖锐地对你说起项目的进展情况，这极有可能不是出于害怕，而是因为咽炎。

7.对时间的使用

组织中非语言沟通的一种微妙形式是对时间的使用。职位高的人，如经理，通过让职位低的人等待来传递权威的信息；很少出现职位低的员工让职位高的经理等待的情况。雄心勃勃往上爬的人赴约时很少迟到；然而，高级官员开会也许会迟到，这种迟到象征着其十分重要或非常忙碌。看手表通常被解释为厌倦或坐立不安；然而在一个两人会谈中，如果职位高的人看手表，则可能是在说："快点，你差不多已经用完了我留给你的时间。"

8.个人外表

在与他人的沟通过程中，外表很重要。求职者在精心准备面试时都很重视这一方面的非语言沟通。人们对穿着得体、有吸引力的人会给予更多尊重和特权。穿着是否得体很大程度上要视情况而定：在一家信息技术公司，熨烫整齐的牛仔裤、时髦的 T 恤衫以及干净的运动鞋也许已是穿着得体；同样的服装穿到一家金融服务公司却很糟糕。

9.用镜映来建立亲和感

一种用来与他人建立亲和感的非语言沟通形式是镜映，对他人的镜映是指精确地仿效他人。在建立亲和感的镜映技巧中，最为成功的是模仿他人的呼吸形态。如果你把自己的呼吸速率调整到与另一个人相一致，你将很快与此人建立亲和感。

调整你的说话速度以适应你要建立亲和感的人是另一种镜映技巧：

如果对方说话快，你也要说话快；如果对方说话慢，你就要减速。

如果你试着跟说话速度完全不同的两个人同时建立亲和感，这种技巧就会让你不知所措了。

非语言信息有时会暗示问题的存在。例如，如果一位供应商在承诺交货日期时把脸转开且面色发红，也许就该怀疑这个日期是不切实际的。图 8-1 描述了暗含有重大问题的非语言信息。

解决非语言沟通的文化差异

含有问题的非语言信号有以下几种。

1.压力

面无表情或假笑；姿势紧绷；手臂僵在一旁；动作生硬，例如突然转动眼睛，头迅速转动，紧张地轻叩双腿；言谈中情绪突然转变，从单调温和的回答转成活跃响亮的回答。

2.沮丧

肩膀下垂；面部表情悲伤；讲话比平常要慢；手势减少；呼吸速率放慢；经常叹气。

3.缺乏理解

皱眉；表情冷淡；不确定、无力地点头和微笑；一边的眉毛稍微扬起；用不自然的语气说"好"或"我明白"；转过脸时说"我懂了"。

4.对敏感话题犹豫不决

头稍仰，眉毛微抬；舔嘴唇；眼神交互时深呼吸。

5.以敌对顺从的形式表达不赞成

肢体或眼睛向下的举动，或两者都向下，类似于向权威人士鞠躬；闭上眼睛，手放在鼻子上，说"啊，不要!"

6.说谎、欺诈与欺骗

可从细微之处识别虚假的微笑，尤其是眼部皱纹更像是鱼尾纹，而不是笑纹；相反，真实微笑的时候眼睛往往是弯曲的，并伴有常见的松弛表情。手指或脚不合时宜地叩击暗示着欺诈与欺骗；转动身体或其他任何突如其来的举动、无法保持眼神交流是信任度不高的标识。

7.筋疲力尽

打呵欠总是不礼貌的，即使你掩着嘴；同样一个呵欠也许暗示着疲劳，或者可能用来完成手头工作的动力不足，或力气耗尽了。

非语言沟通存在多种跨文化差异。如果能够在无声的信息里认清这些差异，那么你在与其他文化的人群进行交往时就会留意它们。以下是这些差异的例子：

（1）日本人的微笑点头意味着理解，而不一定是同意。

（2）在许多亚洲文化和一些中东文化里，过于频繁地直视上司是不礼貌的。因此，低头是尊重的象征，而不是缺少自信心的标志。

（3）日本人，与许多其他亚洲人一样，认为在公共场合拥抱会令人不快。

（4）亚洲人的微笑可能是为了避免冲突，而不是表示赞成。

（5）英国人、斯堪的纳维亚人与其他北欧人喜欢在自己与对方之间保持足够的距离。说话的时候他们很少触碰对方。相反，法国人、意大利人、拉丁美洲与东欧人往往站在一起时靠得更近一些，而且会相互触碰，表示亲密或赞成。

（6）对美国人而言，拇指与食指握成圈，其他3个手指展开，表示"OK"。同样的手势对日本人意味着金钱，一位日本商人也许会把这个手势理解成在索要酬金；对法国人是指零；而在一些阿拉伯国家则被看成是一种诅咒；在德国、巴西等国家里，美国式的OK姿势是令人讨厌的。

在现实中，一个解决非语言沟通跨文化差异的办法是，在与其他文化背景的人交往前，清楚了解这些差异。还有一个相对保守的办法是尽量减少使用非语言信号，除非你确信对方能准确解读这些信号。

沟通风格存在性别差异：

（1）女性更喜欢用交谈来建立亲和感。

（2）男性更喜欢用交谈来提供资讯、展示自己的才能，以此来保持独立性与身份。

（3）女性需要情感上的理解，而不仅仅是解决方案。

当女性压力过大并与他人分享这种感受的时候，她们所寻求的是他人能够对自己感同身受，并且理解自己的处境。如果她们感到有人仔细倾听，压力就会得到释放。

（4）男性喜欢独自解决问题，而女性喜欢与别人讨论解决方案。

女性把分担问题看成是建立并深化关系的一次机会；男性更可能把问题看成是他们必须独立面对的挑战。这些差异所造成的沟通结果是，遇到难题时男性也许会变得沉默寡言。

（5）男性往往说话更直接，更少道歉，而女性则比较谦恭有礼。

（6）面对分歧时，女性倾向于调解，男性则变得更强势。

（7）男性比女性更感兴趣于吸引他人对自己成就的关注或独享赞誉。

这个差异所造成的一个结果是，男性更可能在会议中主导谈话。另一个结果是，女性更可能协助同事获得成功。例如，一位女性销售人员在已经完成自己的销售份额后，会把一个绝好的机会让给同事。她说："该轮到别人啦，这个月我拿到的奖金已经够多的啦。"

（8）男性与女性出于不同理由打断他人谈话。

男性打断谈话时，更可能是要引入新话题或者补充他人的话。女性打断谈话时，更可能是要弄清对方的想法或表示支持。

（9）在闲聊中，女性更关注人，而男性会强调体育和其他业余活动。

（10）女性更可能使用文雅的语助词，而男性会比较粗俗。

了解这些差异能帮助你理解他人的沟通行为。例如，如果一位男性同事不像你想象的那么有礼貌，要记住那仅仅是性别使然，不要过度针对个人。当女性诉说问题时，她们也许不是在寻找有用的建议，而仅仅是在寻找愿意倾听她诉说的对象，这样她们可以解决情绪方面的问题。

克服沟通障碍的策略

沟通障碍时有发生。构思与行动之间常常会发生很多干扰，信息的类型将影响干扰的数量：常规的或是中性的信息是最容易传递的；当信息变得复杂或者牵涉人们的情绪时，或是当信息与信息接收者的心理状况相抵触时，最容易发生干扰。

克服组织内一些最常见的沟通问题的方法，如图 8-2 所示。

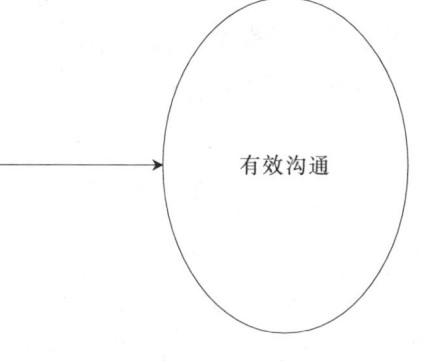

1.了解信息接收者
2.使用语言反馈或非语言反馈
3.小心把握发送信息的时机
4.减少物理障碍
5.避免信号混淆
6.使用难度适中的语句
7.尽量减少心理防备
8.有效利用电子邮件与即时通讯
9.尽量避免沟通超负荷
10.参加闲谈与选择性的闲聊
11.使用元沟通

有效沟通

图 8-2　克服沟通障碍的策略

1.了解信息接收者

了解你需要沟通的对方是克服沟通障碍的基本原则。你越是了解信息接收者，你就越能有效地发送信息。了解信息接收者的3个重要方面是：培养同理心、识别对方的激励状态、理解对方的参考架构。

（1）为了培养同理心，形象地说，你要使自己穿上信息接收者的鞋。要做到这一点，你必须把自己想象成对方，并假想对方的观点和感情。

（2）信息接收者的激励状态包括当前的任何需要和利益。人们往往留神倾听那些能满足当前需求的信息。饥肠辘辘的人通常听不到低声说话，却很容易听到这样的耳语："吃晚饭好不好？"管理者也常常留意听一些有关节省成本或增加利润的建议。

（3）人们对话语和概念的解释不一样，是因为他们的立场和视角是不一样的。参考架构的这种差异会造成沟通障碍。为了减少这种障碍，你必须了解信息接收者"来自何方"。下面的例子发生在金融服务机构里，参考架构的不同造成了沟通障碍：

嘉伯在做代理的第二年，把他当月的销售数据给老板加里看。嘉伯对自己的成绩很是自豪，他说："您认为这种业绩对我这个年龄的人来说怎么样？"加里回答道："如果你想下半辈子每年赚4万元的话，这个已经很好了。"嘉伯答道："听起来不错。"

加里疑惑地看着他，说："你是说下半辈子每年赚4万元就很开心了？我这么说是想让你清醒一下。"嘉伯回答道："我并没有不尊敬您的意思，加里，但是在我家乡，4万元已经很多了。我父母的收入从没有接近过这个数目。"

2.使用语言反馈或非语言反馈

为了确定信息接收者是否已经准确无误地接收了你的信息，你可以请求对方给予反馈。请求得到反馈很重要，因为它也是双向沟通的基本要素。当两人有了信息交流时，面对面的交流会更有效。一人先给另一人发送信息，启动沟通的过程。但是，另一人必须作出反应来完成这个沟通循环。因为在双向沟通中，人们不但可以交流事实，而且可以交流感情，所以有助于把意思说清楚。

3.小心把握发送信息的时机

送出信息的最佳时机要视情形而定。当信息接收者有烦心事或赶着去别处时，发送信息就是白费时间了。如果你希望对方承诺你什么，那最好是在对方心情很好的时候提出你的请求。

4.减少物理障碍

你有没有尝试过站在某人的办公室或房间门口与其沟通？你有没有尝试过在与某人沟通时有一张巨大的桌子把你们隔开？在这两种情形下，如果你减少那些障碍物，你们沟通的有效性就有可能增加。在开会的时候，加强人与人沟通的主要方法是让人们围圈而坐，而不要用桌子隔开他们。

减少物理障碍的另一种方法是，有足够的机会互相闲聊工作上的话题，与同事一起"天马行空"地谈论能帮助理清解决挑战性问题的思路。

5.避免信号混淆

信号混淆的一种情形是关于同一话题，向不同的听众发送不同的信息。例如，公司可能在公开声明中吹嘘产品的品质很高。然而，在工作车间或办公室里，公司却告诉员工在任何能降低成本的地方都要偷工减料。另一种信号混淆发生在当你给别人发出信息说该怎么做，而你自己却用另一种方式去做的时候。当一位经理鼓吹人本管理的重要性，但自己仍然有工作歧视行为的时候，就会出现这种信号混淆。

6.使用难度适中的语句

在与预期的信息接收者沟通时，要避免使用过于复杂的语言，尽量使专业术语出现得更少。但并非要一直避免使用复杂的语言和专业术语，当专家之间进行交谈时，专业术语是一种方便的语言捷径。行话也有很重要的心理作用，因为它传递了这样的信息：信息接收者是信息发送小群体里的一分子。还要避免信息太易于理解，这样也许会让对方感觉被照顾过头了。让你的预期信息接收者感到疏远的一种方法是说："我将用门外汉也能听得懂的话为你解释这个问题。"

7.尽量减少心理防备

一个重大的沟通障碍是防御性沟通，即倾向于用保护自尊心的方式来发送或接收信息。

克服防御性沟通的障碍要分两个步骤。首先，人们得认识到防御性沟通的存在。其次，在被质问或批评时，尝试着不要过度防御。

使防御性沟通最小化的另一种方法是减少有可能引起他人防备的语句。如果使用信息接收者认为是带有侮辱或贬低意义的词语，那么对方马上就会构建心理防线，正确的做法是避免冒犯任何人。

8.有效利用电子邮件与即时通讯

可以考虑以下的建议：避免不加选择地发送信息，不要淹没了他人。尽量不要使用带有政治目的的电子邮件去向别人证明你对某个出现的问题毫无过错。电子邮件与即时通讯不应该被用来取代有关一些敏感话题的面对面交流，比如解决冲突或斥责另一个人。不要在进行决策前要求众人给你写电子邮件，养成优柔寡断的习惯，这样的举动会降低你作为信息发送者的可信度。避免使用电子邮件激怒他人（发送刺耳、狂暴的，有时是粗鄙的短信），这是一种不成熟的行为。

从积极的角度来讲，要尽可能多地回复电子邮件。如果你回复迅速，那么信息发送者就不会觉得你对他们的信息置之不理。

9.尽量避免沟通超负荷

当人们对信息的吸收能力超负荷时，他们倾向于拒绝新的信息，学术上把这种情况称为"线路超载"。被信息压垮也会造成记忆紊乱，记忆里保留的有用信息将变得模糊。

可以通过如下方法来减少信息超载的痛苦，例如开始阅读之前，仔细地组织信息并对其进行有效分类，关注那些有助于你更好工作、更有效地学习、更多享受生活的信息。

10.参与到闲谈与选择性的闲聊之中

有效利用闲谈与闲话有助于克服沟通障碍。闲谈的重要性在于它能帮助提高谈话技巧，拥有好的谈话技巧将促进人际交往。

11.使用元沟通

即事先和他人交流你的沟通方式，从而帮助克服障碍或解决问题。如果你正试图与一位面带怒容的同事说话，你可以说："对于我们的谈话，你看上去很不安。现在是不是不太适合跟你谈重要的事情？"

高情商者的沟通艺术

在沟通中，高情商的人会克服跨文化沟通障碍，在一般情况下，会有以下步骤：

（1）敏锐地感知到跨文化沟通障碍的存在。在工作中，当你与一个来自不同文化背景的人打交道时，要请他给予反馈，这样可以使跨文化沟通的障碍减至最小。

（2）对所有人员表示尊重。尊重的一大要点是承认其他文化与你的文化存在差异，但并不比你的文化低级。

（3）使用简单的语言，放慢语速，清晰表达。当你的工作伙伴无法流利使用你的语言时，要用易于理解的方式说话。尽量少用你的语言所特有的成语和比喻。一位来自中国台湾的会计师和她的主管一起完成绩效评估以后被搞糊涂了。主管说："我会给你更多的任务，因为我注意到我们之间有一些很好的化学反应。"（他指的是融洽的工作氛围）这位女士没有试图问清楚，因为她不想表现得愚昧无知。

（4）慢慢说也很重要。因为即使是对第二种语言的读写都达到专业水准的人来说，可能还是觉察不出谈话中的细微差别。与来自其他文化的人面对面交流也会增强你们沟通的效果，因为你的面部表情和其他肢体语言对沟通会有所帮助。

（5）观察礼仪中的文化差异。如果冒犯了礼仪规则，并且没有做出任何解释，那么会马上造成沟通障碍。礼仪中的一大规则是，在许多国家，对地位高的人，除非一起工作了很长时间，否则人们只称呼其姓，而一般不会直呼其名。

高情商的人会成为更具说服力的沟通者，因为：

（1）确切地知道你要什么。如果你已经在头脑中把一个想法想得非常透彻，那么你成功推销它的几率就能成倍增加。

（2）想好备选方案。如果无法说服对方接受你的初步提议，那么就要想好备选方案。如果 A 计划行不通，就转用 B 计划，再不行就用 C 计划。

（3）不要在尚未阐明其最终收益之前提议某个方案。如果要求加薪，你可以说："如果给我加薪，公司愿意我留多久我就能留多久。"

（4）按照他人的利益来规范你的提议措辞。人们如果明确了自己的收益，就更可能接受你的想法。几乎每位信息接收者都想知道：

"我能从中得到什么？"

（5）另外的建议还有：研究他人拒绝的理由。任何时候提问，都要说明你为什么要提问。尽早建立肯定回答的模式。使用具有影响力的语句。用数据支持结论。尽量减少"懦弱"的措辞。尽量减少常见的演说缺陷。

除了说之外，还要提高我们的倾听技巧。提高信息接收能力是培养更佳沟通技巧的另一个重要方面。

（1）做一名好的倾听者，首先要全神贯注，避免走神。更加专心倾听将提高倾听的效果，接收到更多的信息。在倾听的时候，要试着把分心的事情与顾虑抛到脑后；如果有来自外部的、让人分心的事情与顾虑，你也要忍住不受其干扰。简言之，好的倾听者要战胜分心。

（2）通过专心倾听以达到感受说话者情感的目的。这样做，你就能让信息发送者感觉到被理解与被接受。同样，如果你拒绝信息发送者的用语特征，而是重新措辞，就可能激发信息发送者的防御心理。许多人在无法完成任务时，会说"我被困住了"。如果你这么回答："我能做点什么来帮你解困吗？"那么往往可以起到增进沟通效果的作用。但如果你这样回答："我能做点什么来帮你把问题想清楚吗？"对方就会被迫转换思维方式，也许还会对你设防。

（3）观察信息的非语言部分。例如，你可以从信息发送者的音调以及他的面部表情是否认真来判断其态度真诚与否。

（4）释义也很重要，即用自己的话重复对方的所说、所感与所指。刚开始进行释义的时候，你也许会觉得还不能灵活自如地运用。因此，你可以与让你觉得舒服的人进行一些练习。在经过一些练习后，释义将自然成为你沟通技巧中的一个重要部分。这里有一个如何进行释义的例子：

他人：这里的繁重工作真让我苦恼。我祈求大家动手把自己该做的事情做好。

你：你是说在我们团队里，你做的工作要比你应做的要多得多，是吗？

他人：当然。这就是我所想的我们应该要解决的问题。

好的倾听者会通过提问、点头表示赞同以及寻找共同点来鼓励对方。

在我们的日常生活中，我们还要提高电话与语音信箱的沟通技巧。

（1）接电话时，说出你的姓名与所在部门或团队。如果电话不是从总机转接过来的，则还要说出公司的名字。

（2）除非电话对方特别说明，否则确保只称呼其姓加职位。如果电话对方没有表明身份，要询问："请问您是?"知晓电话对方的姓名有助于人性化地开始谈话。

（3）语速适中，每分钟约 150~160 个字。语速过快会给人留下没有耐心的印象，而语速过慢则可能暗示你对此不感兴趣。

（4）打电话时要面带微笑。微笑能通过电话线或光纤传递到对方那里！

（5）练习好的倾听技巧，并在倾听的同时做好笔记。对语言陈述与非语言信号都要有所警觉，例如迟疑的声音或恼怒的叹气。

（6）使用快速且友好的语言来建立合作关系。有一些短语被认为是友好且有用的，而另一些则会激怒他人且没有用。比如，"我一定做到"与"我试试看"，"这种情况"与"您的问题"，"在一点前我可以完成"与"我会尽快完成"，比较一下每一组两者的效果。

（7）使用乐观、新潮的语言。既然通过电话交流比面对面交流更难留下积极的印象，那么可以在你的谈话中多加入些新潮语言。

（8）使用语音信箱。如果你在语音信箱问候语中详细说明了你回来的时间，致电者就可以选择是再打电话还是留言给你。当你留言时，给出回复你电话的合适时间。

（9）你在语音信箱或电话答录机上留下的问候语要有信息含量而且感觉友好。

（10）留言时，清楚地说明你的姓名与电话号码，使对方能听清，从而避免最常见的语音信箱错误。

将感情技巧应用在他人身上

高情商的人不仅能够控制自己的感情，还能够控制其他人的感情。就像是在海洋里航行，高情商的人做的不仅仅是在海上掌舵，还需要设定航线，知道如何应对变化把自己的船停靠在遥远的陆地上。

杰克·韦尔奇的情商技巧

杰克·韦尔奇是通用电气公司的执行总裁，他为人很难对付，也许会被人认为是情商很低的领导者。尽管大家普遍这样认为，但是这种判断不完全正确。韦尔奇在通用电气公司长时间的任期内充分展现出了作为一名高情商领导者应具备的各种能力。尽管他因为粗鲁无礼、直言不讳、冲动的性格和有时看起来令人生厌的行为而出了名，但是韦尔奇却展现出了自己吸引人、激励人以及创造共享目标的能力。

韦尔奇在谈到自己和下属经理关于工作表现问题的讨论时说，他会提前给这些经理敲响警钟，不让他们走上危险的道路。他的直来直去的风格可以保证下属经理搞清楚问题出在哪里，需要做些什么来解决问题。如果工作问题迟迟得不到解决，那么那个经理就会丢掉饭碗。韦尔奇对他人的了解和苛刻的工作作风让下属经理们得到了其需要的信息，通过分析信息，他们可以预见到自己的职业未来和感情未来。正如韦尔奇所说："……让谁离开公司谁都不应该感到奇怪。在开除某个人之前，我都会和他谈至少两三次话来表达我的失望，并且给他们东山再起的机会……如果他会感到惊讶和失望，在第一次谈话中就早已经感觉到了，而不是在让他离开的时候才感觉到。"

韦尔奇讲到自己给爱尔梵协会作讲话时的一件事。爱尔梵协会是个精英级的社会组织，其成员都来自通用电气公司的管理层。韦尔奇被邀请到社团做嘉宾时冒失地说该社团是个时代的错误，根本没有存在的价值。毫无疑问，他的讲话没有得到大家热烈的欢迎。后来他说道："当我讲完话时，全场一片寂静，大家都惊呆了。在后来的一个小时中，我不停地在人群中穿梭并不住地微笑以缓和自己给他们的打击。但是，大家都没心情高兴起来。"

当然，任何有点情商的领导者都不会对这样的讲话导致的情绪而感到惊讶。韦尔奇到底知不知道自己在做什么，他有没有预见到在自己传递完想要传递的信息之后他人的反应。

实际上这个信息给了爱尔梵协会需要的"一剂良药"，因为这个社团真的病了。韦尔奇给它开出了药方，但是这种药却让病人感到疼痛。爱尔梵协会在韦尔奇那番话之后不久就进行了重组，而韦尔奇的话在现在看来确是一个警钟和挑战。社团成员听到了警钟的声音，于是站起来迎接挑战，使社团成为了对通用电气公司和社团成员都有重要意义的一个社区服务组织。

下面是韦尔奇处理事情的情商分析：

判断感情：这个社团的情绪是自满、得意、开心。

运用感情：整个社团目光短浅，他们主要将精力集中在内部事务和自己身上，没有看到全局。

理解感情：替他们敲醒警钟可以使他们从自满的情绪中醒悟过来，他们可能会感到惊讶和气愤。

控制感情：当他们醒悟过来的时候，他们自满的世界观就会受到挑战，这种感情上的不和谐可以激励他们成长、成熟。

韦尔奇的某些行为从表面看来情商水平并不高，他在工作中的态度并不总是令人愉快或者让人获得鼓舞。但是，我们不得不佩服韦尔奇采取的行动或做出的决定所体现出来的感情技巧，至少它们都是四项感情技巧的组成部分。

在艰难的时刻进行管理就需要作出艰难的决定。如果你无法作出决定，如果你过于和蔼、无法处理消极感情和矛盾，你就可能成为一位在条件顺利时出色而在艰难时刻孤立无望的人。

构建人际关系网络

人际关系网络为拥有者提供了广泛的支持圈子，当他们需要支持的时候，就能够招之即来。构建人际关系网络是一种艺术。你当前的朋友、老相识和同事都可以成为你接触的起点。尽管他们也许不能给予你直接的帮助，但是他们可能知道谁能够为你提供帮助。

1.尽量认识更多的人

可以采用很多方式来认识更多的人，比如，参加公司的业务会议，在茶馆与人闲聊一会儿，把那些你希望再见面的人的联系方式记录下来，寻找机会把一些人介绍给另一些志趣相投的人，建立非正式的交际圈，以便人们能够每个星期可以聚在一起喝喝酒。

2.建立一个对某个特定话题进行研究和探讨的小组

把每一个人都吸引到对这个话题的讨论中来，让他们畅所欲言。注意那些公认可能成为领导的人——把他们挑出来，邀请他们参加你组织的聚会。如果你在那一天没有机会出席与他们的对话，那么过后给他们打电话，对他们说你非常抱歉那天错过了机会，并邀请他们出来喝一杯。更重要的是，不要忽视那些地位比你低的人。今天的新来者，也许是明天的高级经理。此外，如果你仅仅对那些现在能给予你帮助的人感兴趣，那么你在网络上就不可能有真心朋友，因为其他人会立刻把你视为一个势利虚伪的小人。

3.对与人交谈制订出计划

在建立网络和与人会面交谈时，聆听能够帮助你轻松地开始交谈。深谙此道的人在接触陌生人的时候，会先对这些陌生人进行仔细的观察。他们会在观察的基础上做出判断，决定哪些人会成为愉快的谈话对象，注意他们一般的行为举止——放松的程度和一般的姿势——他们会等待，等到适当时机来临时介入进去。他们会等待暂停的出现，从人群中挑选出交谈的对象或者对最后一个说话的人，不失时机地发表一些相关的评论。在他们谈到一个新话题以前，他们会一直与这群人待在一起，直到人们接受他们为止。特别自信的人可能会在加入谈话时就展开正面进攻，通过说一个笑话或者对争论发表自己的观点的方式，博取人们的注意。如果你是这种类型的人，那么这种做法不失为一个有效的方式。如果你不是一个非常自信的人，那么采用温和的方法也许能够使你更容易进入谈话圈子。

在会议中，不要等待太长时间才开始说话。你等待的时间越长，你就可能会感到越难以开口。如果在会议中你是一个新人，应该先感觉一下讨论的气氛，然后等待某个你感到有把握发表意见的话题的出现，当讨论出现空隙或发言人结束他的发言时，你就可以发表自己的意见了。如果你发现等了很长的时间你准备说话的话题一直没有出现，那么可以先提出一个容易讨论的问题，使会议回到讨论议题或特殊观点或建议的轨道上来。

4.创建人情银行平衡表

建立一个由支持者构成的人际关系网络，在你需要帮助的时候能获得他们的支持，这应该成为你的一个长期目标。他们之所以愿意这样做，是因为你与他们之间建立了一个人情银行平衡账户。建立人情银行平衡账户的步骤方法如下：

（1）选择一个朋友，想象你与这个人在人情银行开立了一个分成两部分的账户。账户的左边反映人情贷方，账户的右边反映人情借方。

（2）回忆你为朋友做的所有事情：友情、帮助、时间、金钱、支持等等，把它们记在左边。

（3）回忆你从人情银行中"取走"的所有事情：债务、争吵、不友好行为等，把它们记在右边。

左右两边的项目共有多少？对它们进行比较。更重要的是必须明白，在比较之后，左边的项目比右边的多多少？

建立这种"人情银行平衡表"，有助于了解人情的支出和存入情况。在日常生活中，人情的一部分是细微的行为，包括微笑、给予爱抚、友好的话语、亲切的表示、请喝一杯酒、提出建议、对个人问题的真心关怀，等等。另一部分是较大的行为，包括提供工作机会、借钱、推荐、帮助，以及对大错误的宽恕等。

研究表明，成功者拥有宽广的人际关系网络，这个网络由他的支持者和各类联系人构成。当需要做某项工作时，或者需要解决某个问题时，他们能够招来某个人给予帮助。他们接受帮助是因为他们在人情银行的平衡账户上拥有较大的"资产"，或者他们被视为是一个有影响的人，将来能够回报今天愿意提供帮助的人。

强化社交"雷达"

为了有效地交往，我们需要开发良好地解读他人的艺术。这要求我们把自己放在对方的立场上，解读交往中流露出来的暗示，适应我们必须与之接触的文化。以这种方式强化我们的社交"雷达"，就能够使自己更加适应他人的需要和安排，并且能够利用这一信息来预测我们将如何得到最有效的回应。

卓越的交流者能够通过思考他人的想法，想象他人的感觉，来把握他人意欲行动的方向。我们把这种情况称为移情作用，它在人际关系和面对面的交流中非常重要。我们还可以把这种现象称为"知情臆测"，因为我们永远不可能确切地知道他人的真实想法是什么。在这个意义上，良好地解读他人就像进行智力拼图游戏：我们与对方的联系越紧密，我们就越容易填补互相不了解的空白。我们可以从人们的举止言谈中，看到一系列情绪变化的细微线索，诸如双肩下垂、视线避免接触、声音发生变化、步履沉重缓慢等。我们把所有这些小块的拼图组成到一起，把它们与其他事情进行比较，我们就能够了解这个人情绪产生的原因。尽管这只是一种"知情臆测"，但是只要我们开始向他询问，我们很快就能从他的回答中知道，我们的预测是正确的。

依靠移情作用，指导顾问能够探测出顾客最头痛的核心问题；领导者能够依靠移情作用察觉出士气低落的原因，并在它影响业绩以前采取正确的行动解决它；顾客代表能够正确地解读提出服务投诉的顾客的想法和感觉。在我们讨论的所有技能中，移情作用可能是情感智力中最核心的一个。

　　证据表明，所有的人一出生就具有移情作用的能力。这是我们人类与其他灵长类动物（例如大猩猩和黑猩猩）所共同拥有的东西：花许多时间去研究自己的同伴，学习如何了解同伴在想什么和感觉什么。刚出生几个月的婴儿，似乎能够认识到他们身边的情绪状态，并努力观察行为和模仿行为。在充满爱和友谊的背景中，儿童会充满自信地去体验新的行为，学习新的交往技巧。移情作用的根基存在于我们所有人的中间，存在于：

　　(1) 我们的想象。

　　(2) 我们解读非口语信号的能力。

　　(3) 我们进行推演的能力。

　　(4) 我们从自己在类似情景中的体验、推断某个人的情绪状态的能力。

婕瑞说服经理的方案

　　婕瑞在说服她的上司经理考虑自己的意见时，很少能够成功。她的上司经理是培训业务的负责人。这一次，她感到情况有些不同。她从经理的观点中看到了与自己的意见有相同之处。这至少给予她一个公开的机会，使她能够预见并先把经理的目标纳入到自己的最新建议中——在公司的管理技能中引进在线远程培训服务。她在心里开始想象自己是上司经理，对提出这项新倡议可能发生的争议反复进行演练。然后，她开始想象她的经理可能会作出的回应。在进行这样的演练时，她始终把自己想象为那个经理。她采用了她的经理在听到一项新建议时经常采用的姿势，尽可能地去模拟她的经理对她的建议可能采取的回应行为。在演练中她发现，作为她的经理，他关心的是人们在开始这项工作以后，可能缺乏完成它的动机。他感觉人们需要的可能仅仅是获得知识，而不理解应该把自己获得的技能运用到实践中去的需要。想到这里，她为如何把这个新观点推销出去的问题感到担心，她的经理会认为这是一次充满未知数的旅行，而这位凡事均持怀疑态度的经理，更关心的是从公司传统培训项目的成功中获取荣誉。她决定继续从她的经理的立场去想象和观察。她发现，他可能会对本部门失去对培训课程的控制感到担心。最后，她认识到，经理之所以会产生这样的担心，是因为他对自己希望引进的项目方面的技术问题知之甚少。于是，她感到自己发现了这个新建议中的利益，即由引进一个新的培训方法带来的潜在利润。而且新建议能够使培训成本下降，这一点也非常有吸引力。这些认识说服她，必须改变自己平常所采用的表达新观点的方式。她决定在提出新建议的时候，不去赞美新方法的优点，而是从它所能带来的利弊开始，重点强调每一项预测利润。

婕瑞进行了一次想象活动，她的预见也许是漂移不定的。但是，她的准备是一种移情作用的活动。这使得她对自己的经理的思维拥有了更好的认识，进而使自己把握住了如何把新观点推销给经理的更好的机会。

这一想象活动的流程是：

把你欲施加影响的那个人（或你需要使他们信服的、有影响力的、持怀疑态度的人）带入意识中想象你将要与相关的人进行的交谈站在对方的立场上，想象对方会做出的回应——他的感觉如何，他将会考虑什么，他将接受什么，以及他会拒绝什么，把由此产生出来的认识组合到你的交流计划中运用他人的观点，或者中立者的观察，反映并改善你在交流中的行动方式。

包容多样性，增加影响力

　　包容多样性使你能够把新鲜空气带进保守的企业丛中。新的团队成员进入到我们中间时，为了与我们融合，他不得不顺从已建立的实践规则，并逐步也拥有了团队开创发展起来的"群体思想"。一方面，群体思想有它的优势，作为一个集体，因为"意志一致"，团队能够很好地发挥自己的功能，更有效地完成任务。但是另一方面，它会因此而造成内视的、迟钝呆滞的后果。为了向这种颓败的趋势挑战，包容性是一个必需的条件——包容变化、包容市场、包容新的工作方式，只有这样，才能够在充满挑战和改善的实践中生存下去。

　　宽容是一条双向道路。如果组织希冀兴旺繁荣，就需要为不同的文化提供发展空间。与此相同，员工也需要对他们身处其中的组织文化敞开胸怀。我们这样说并不是指你必须放弃自己的个人特性，而是强调，如果你想在组织中获得成功，你就需要匹配你的组织文化。当我们能够匹配其他人都可能遵循的文化时，我们将成功地构建起繁荣的人际关系。

　　在情感智力的领域里，包容多样性与移情作用比肩而立，我们很难只取其中之一而放弃另一个。但是在一些范围里，包容性能够导致好奇心，这时移情作用发挥着一个有效技能的作用，通过运用这个技能，好奇心得以畅通。

　　我们中许多人都拥有一个共同的弱点，那就是深深地陷在人际的小圈子里。我们太喜欢与那些能够分享我们的背景、我们的体验、我们的意见、我们的审美观、我们的怪癖、我们的行事原则和我们利益的人相处在一起。这是可以理解的，但是这种做法却具有很大的局限性。因为如果这样做，结果是我们的社交圈子很快就只能反映我们认为我们知道的东西，任何不能与这个狭窄的社交圈子的观点相符合的东西，都会被排斥。我们很快成为思想狭隘的人，我们因淤塞而停滞。说得极端一点，这种倾向导致出种族偏见、性别偏见以及唯利是图的势利意识。

受益一生的哈佛情商课

正是那些处在边缘的人——标新立异者和不循规蹈矩的人——有许多东西可以教给我们。分享他们的假设与观点能够拓宽我们自己的视野，同时，我们非常可能与理解我们的观点的人建立起和谐的关系。

我们中的大多数人，都具有对非循规蹈矩者予以拒绝的倾向。认识到这种倾向，当你遇到某个特立独行的人时，就应该对自己的判断提出质询：我们得出这样的判断是因为这个人真的是一个分裂者，还是因为他只不过是一个观念与我们不同的人？通过质疑，以确认陈旧的思维行为和模式没有变成制约我们发展的陈规陋习。

美洲的土著人常说：你要想知道一个人的烦恼心情，你就必须穿着他的靴子走上一里路。这句谚语的意思是：我们应该采用与对方相同的方式去行动、去思维、去感受。有效的交流者在与人接触时，非常重视解读对方意图的能力。采用对方的观点，你才能在寻求共同点时有所收益。

因此，在交流中，非常有用的观点往往产生于听者的立场。当你准备参加一个会面时，想象你就是那个你将要见面的人，找出他们可能对某一个问题如何思考的方式和感觉。如果你满足了他们的需要，以及你自己的需要，那么你的观点和建议就更可能被接受。在会面中，偶尔用一点时间去想象对方是如何思维和感觉的，这有助于你提高移情意识，更好地适应和改善交流。

第九课 情商与职业：
职来职往，情商就是硬道理

对于职业生涯成功的定义，传统方法所强调的是升职和高薪。而在哈佛情商课中，衡量职业生涯成功的方法则强调心理因素，是指来自于实现人生最重要目标的一种自豪感或个人成就感。心理成功并不排斥传统意义上的成功。总而言之，职业生涯成功是指在获得组织奖励的同时也感到个人满意。获得成功的职业生涯对自我实现或自我成就可以起到很重要的作用。

通过控制自己来发展职业

积极运用情商蓝图中描述的各种技巧来发展自己的职业，同时进一步掌握下面的小技巧：

1.制定一套专业道德规范

制定专业道德规范是职业发展的一个良好开端。基于价值观的道德规范将决定哪些行为是正确的或错误的，哪些行为是好的或是坏的。

2.准确地进行自我评价

职业发展的一个重要策略是准确认识自己的优势、可改进的地方以及偏好。

3.培养专业技能与热情，并围绕其构筑职业生涯

发展职业可以从培养有用的工作技能开始，然后围绕这些领域构筑你的职业生涯。对你的工作充满热情是专业技能培养的组成部分，一个人除非对自己的工作领域充满热情，否则很难持续发展其工作技能。

4.获得优秀的工作业绩

良好的工作业绩是你构建职业生涯的坚实基础。除了那些盛行玩弄权术的企业文化的公司（溜须拍马、裙带关系盛行），在大多数公司里，工作能力依然是获得成功的主要因素之一。

5.在持续学习与自我发展中不断成长

持续学习有各种形式，包括正式就学、参加培训项目与研讨会以及自学。自我发展也包括多种学习形式，但这一过程常常强调个人改善与技能培养。改善你的工作习惯或提高团队领导能力就是在工作中进行自我发展的例子。

6.记录你所取得的成就

请准确记录你在职业生涯中所取得的成就，这样在公司重新给你分配任务或晋升你的时候将有备无患。这份成就记录对于准备简历也很有用处，有形的、可量化的成就比他人对你的成绩的主观印象更为管用。记录你所取得的成就能使你不卑不亢地宣传自己，当与公司的关键人物一起讨论工作时摆出事实，这样就可以既不抢占太多的团队荣誉，又可以让他们知道你的功绩。

7.塑造专业形象

表现出专业形象有助于在商业关系中形成信任与亲和感。你的着装、办公桌、谈吐以及综合知识，应该给人一种专业、负责的形象。使用标准的语法与句式结构能给你带来优势，因为太多的人使用非常不正式的方式讲话。知识渊博也很重要，因为今天的职业商务人士应该对外部环境了如指掌。

8.尽量减少职业发展中的自我挫败行为

工作拖沓是自我挫败行为的首要形式，它会毁掉一个人的职业生涯。其他许多行为也会让你无法达成目标，并损害你的职业发展。克服这些行为的一个办法是，恳请他人对于那些在你掌控之中的，并且对你的职业发展造成损害的行为提供反馈信息。

职业发展中自我挫败行为的 10 种普通形式：

（1）拖延。

（2）正当事情进展顺利时，一次又一次把事情搅乱。

（3）自我陶醉。

（4）情感不成熟。

（5）对自己有太多的负面评价。

（6）不现实的期望。

（7）报复心理。

（8）着意吸引别人的注意力。

（9）寻找刺激。

（10）经常旷工与迟到。

学会调整心态适应变化

职场上只有像变色龙那样拥有顽强适应能力的员工，才可能在变化、发展的企业里获得自己的一席之地！而那些适应能力差的员工，即使像恐龙一样的强大，仍旧难逃被淘汰的命运。适应力差的员工之所以在企业中遭到灭顶之灾，就是因为他们对自己的定位不准，把一些"游戏规则"弄颠倒了。而这些规则其实很简单——总裁不会为了个别人而令自己的计划"改弦易辙"。如果你不愿丢掉目前的这份工作，就别无选择地要去主动适应它，改变自己，而不是等它来适应你！

愤然离职的高材生

牛津大学高材生贝利，原是一家法国公司驻英国的首席代表，而立之年，他竟然"失业"了。原因是，他任常务副总裁的这家企业，在他上任两个月以后，突然派了家族中的人做他的正职。

"业务刚刚开始，就防着我这个外人，让一个没文化、没本事的人做我的主管，我怎么咽得下这口气！"所以，他选择了离职。而另一名美国著名网络公司的亚洲区销售总监，曾经深受前任老总的重用，可眼下老总换了新人，一朝天子一朝臣，他备受冷落，但他毫无怨言，仍然很努力地工作，他说："退一步海阔天空，我在寻找新的突破口！"

同样的境遇，不同的看法，会产生不同的结果，就看谁的适应力更强。面对新的环境，与其抱怨或逃避，倒不如让自己去主动适应它！而最先适应环境的员工，往往能够最先在新的工作环境中站稳脚跟，在激烈的竞争中他们的业绩也就能胜人一筹！

你什么都不用做

从英国飞往马来西亚首都吉隆坡的韩第，一下飞机就直接找到总经理伊恩要求参加工作。"好啊！请你搬把椅子坐在我办公室的角落里，尽可能地不要引人注目，其他人在场的时候不要说话，不管是迎来还是送往，你都不要离开这里。"伊恩道。"我就干这个吗？"韩第问。"对！而且最起码要这样干1个月。当然，你要把自己的真实感想、疑虑、发现的问题及根源等分析清楚并记录下来。"伊恩郑重其事地说。"经理先生，我大老远地从英国总部赶来，您让我用一个月的时间就干这些吗？"韩第非常不解，"您要知道，我……""好了，既然你到了我这里，就必须听我的吩咐，而我也不会考虑你以前是干什么的，是多么的糟糕或出色。你可能有你的想法，也许你的想法很对，但请你先把它们放下，从适应这里的一切开始。"

韩第虽然满肚子的委屈，但人在职场身不由己。他只好听从总裁的安排，每天静静地坐在办公室的角落里，看伊恩怎样处理问题、迎接客户和指挥下属"开疆拓土"。他每天像个观察员一样，记录着自己看到的一切情况……惊喜开始出现了。随着时间的推移，他学到了以前从未看到或想到的一些事情，尤其是伊恩如何化解各种矛盾，如何提高工作效率和提升业绩的技巧。他不但眼界大开，而且还在理论上得到了升华。一个月之后，伊恩问："怎么样，还有些收获吧？""谢谢您。这一个月的适应将让我终生受益！"韩第无限感慨地回答道。后来，他成了享有盛誉的国际管理大师，其成就应该说与他的这段适应经历不无关系。

第九课 情商与职业：
职来职往，情商就是硬道理

身为员工，职场上的许多主动权并不掌握在自己手中，作为一名服从者和执行者，有时你没有选择的余地。当迎接你的是你心仪已久的工作或职位时，你尽可绽开笑脸，伸出双臂去紧紧拥抱它；但当你坐上你十分不愿坐的冷板凳时，是起身愤然离去，还是端正坐姿，静下心来，直到用发自内心的热情将它焐热呢？这当然靠你自己决定了，但结果却是大相径庭的——或成为退出职场的解雇者，或在一个新的领域里展翅高飞，实现自己的鸿鹄之志！

越是优秀的员工，在艰苦的环境里越是表现出顽强的韧性和乐观的态度，因为他们知道，适应工作环境的过程就是一个学习、播种的过程，环境越艰苦，往往收获也就会越丰厚！

洗马桶

一次，松下集团为了选拔一位南美区的总负责人，在全世界的各个部门内寻找最优秀的人选。经过激烈的竞争和层层选拔，最后剩下两位最优秀的松下中层主管被送往总部接受总裁的面试。两位主管，一位是来自美国松下公司客服部的经理马克·戴维；另一位是来自马来西亚松下公司产品开发部的负责人日籍马来西亚人阿巴·蒂姆。两人都在松下公司任职多年，并且各自都创造过辉煌的业绩。这次在众多的松下员工中能够脱颖而出，也充分显示了他们的实力。

两人都满怀信心地来到松下总部。进总部之前，他们一路都在思索总裁会给自己出什么样的题目？自己该如何回答？但是，他们并不怎么担心，因为一路过关斩将地到了这里，对他们来说什么样的难题都已经经历过了。他们接到通知："总裁松下幸之助先生让你们去东京帝国酒店，他将在那里对你们进行面试。"东京帝国酒店？那可是全日本最好的酒店，他俩兴冲冲地赶到了帝国酒店。酒店经理听了他们的来意之后，笑容可掬地对他们说道："松下先生让你们在我这儿做一个星期的服务生，这就是他给你们的面试题。"

"服务生？"戴维和蒂姆一脸错愕，酒店经理看了看他俩僵硬的表情，依然笑容可掬地继续说："从现在开始你们就是我的员工，根据酒店的安排，你们可以去洗厕所了。"

"洗厕所？"戴维和蒂姆简直不敢相信自己的耳朵，酒店经理拍了拍惊呆了的俩人的肩膀喊道："干吧！必须把马桶洗得光洁如新！"经理那句重点强调的"光洁如新"更是让他们犹如挨了一记闷棍。做还是不做？他们没有多少可考虑的时间了，既然来了，他们谁也没有想过要放弃。当马克·戴维的手拿着抹布伸向马桶时，胃里立刻有如翻江倒海，恶心得想吐，却又吐不出来，他感到太难受了。他甩下抹布，冲出卫生间，对经理说道："上帝！我干不了这个！"酒店经理微笑着对戴维说："你去看看阿巴·蒂姆是怎么做的吧！"马克·戴维来到阿巴·蒂姆要擦洗的那个卫生间，只见他高高地挽起洁白的衬衫衣袖，拿着抹布一遍遍地认真擦洗着马桶，直到光洁如新。当然，最终阿巴·蒂姆成了南美地区的总负责人。

在新的环境下，特别是在这种反差极大的环境下，蒂姆能够像变色龙一样迅速调整自己的颜色——心态，与新环境融为一体的本领使他赢得了这个众人艳羡的职位。世界不是为你定做的，你能做的就是改变自己。当你无法改变别人或改变环境的时候，试着去改变自己吧，你会发现有意想不到的惊喜在等着你。

培养正确的态度和价值观

到底能不能养成良好的工作习惯，掌握有效管理时间的技能，这其实是一个对工作价值的认识问题，也是一个能否对工作和时间采取正确态度的问题。比如，如果你认为你的学业或者工作非常重要，而且时间是非常宝贵的资源，那么你就会自发养成良好的工作习惯。

如果我们能够确定自己的使命，然后制定目标，热爱自己的工作，就会比较容易做到。一个人如果有自己的生活使命（生命意义），那么他往往会尽可能好地利用时间做对自己有意义的事情，进而成为一名成果丰富的人。目标往往比使命更加具体，它们的方向与使命是一致的，而且也具有和使命一样的激励效果。致力于完成任务也会促进合理利用时间。

心理学家兼网球教练提摩西·加尔韦发明了"网球内心戏"来帮助网球运动员更好地集中精力于比赛本身。随着时间的推移，内心戏这种技巧推广到诸如滑雪等其他运动，后来更扩展到普通生活和工作中。这一技巧的基本理念是：通过消除诸如过度自我批评等内心障碍，你能够大幅度地提高注意力、学习能力以及工作表现。根据加尔韦的理论，每个人的内心都有两个自我：1号自我是批判的、恐惧的、自我怀疑的。他会说："你虽然已经差不多解决了顾客的难题，但是现在还不是得意吹嘘的时候。"像这样吓唬自己的评论会阻碍2号自我圆满完成工作。2号自我能够调用个人的各种内部资源，包括既得的和潜在的资源。

必须要压抑1号自我，这样2号自我才能进行有效的学习，圆满地完成任务，而不会受到1号自我的负面干扰。为了排除1号自我的干扰，你必须把注意力集中在与表现有关的重要因素上，而不是你希望达到的表现上。比如，当你要向上司推销一个改进生产力的好主意时，应该把注意力集中在他的表情上。

工作不光是需要埋头苦干，有时更需要讲究方法、技巧。人们往往通过埋头苦干，而不是富有想象力地寻找更好的解决方案来解决问题，许多时间和精力就这样被浪费了。比如，当你在开始进行网上搜索以前，最好先仔细想想应该键入什么样的关键词才能够让你迅速找到所需要的信息，那样你就不会把许多时间浪费在一堆无用的信息中。

在工作中，我们要注意珍惜时间。非常珍惜时间的人往往希望能够好好利用时间。如果一个人认为自己的时间非常宝贵，那么让他在工作时间闲聊是一件非常困难的事情。致力于完成一项目标可以自动地让你合理利用时间。

我们不是电脑，做不到同一时间内完成多个任务，所以，不要同时做太多的事情。许多人未能按时完成工作，是因为他们同时接受了太多的工作，以至于超出了他们的承载能力。特别是有些已经不堪重负的人还自愿安排额外的活动。比如，一个工作压力已经很重的人还接受了社区活动的邀请，那么他的日程安排就更加紧张了，而且完不成的任务数量也会越来越多。

为了避免这种情况的发生，你必须学会对那些额外的要求说"不"。如果你不能有技巧地拒绝那些会干扰你工作的额外要求，那么你就不能完成最重要的工作。如果你的上司给你布置了新的任务，并且已经超出你的负荷，那么你就应该向他说明这项新的任务会与优先级更高的工作产生冲突，并提出相应的解决方案。但是，不要过于频繁地拒绝你的上司。当你采用这一方法来提高个人生产力的时候一定要审慎，并且要有技巧。

工作狂虽然值得敬佩，但不值得学习。我们要注意适当的休息。一个能够保持良好工作状态的人十分明了过度工作会产生压力，同时也会让人精疲力竭，这都会严重影响生产力。让身体得到恰当的休息和放松，可以让精神保持振作，而且也会提高人们应对挫折的能力。如果一个人忽略了对于休息的正常需要，那么他就会成为工作狂，对于他们来说如果不工作就浑身不舒服。有些工作狂是完美主义者，他们对于自己的工作永远不会满意，因此总是不能罢手。而且完美主义工作狂还会过分注重控制，无论对己还是对人要求都会非常严格。

除了上面的几点，还要注意保持自己的办公环境的秩序问题。如果一个人的办公桌、办公室、公文包或者硬盘非常整齐有序，虽然并不一定意味着他的思路也非常清晰，但是整齐有序的确可以帮助他提高生产力，因为他可以更加集中注意力，而且也不用花费许多精力和时间去寻找那些找不到的信息和文件。注重整齐有序还有其他两个作用：整齐有序是质量的基石，而且，当你整理干净工作区域以后，会有焕然一新的面貌。

减少杂乱状况也是控制压力和简化生活的一种方式。高度发达的物质文明在改善我们生活质量的同时，也给我们的生活增加了许多复杂性。因此，要学会抛弃那些不需要的东西。生活变得简单，就容易控制了。

善于激励自己

善于激励自己，努力实现各个层次的人生需要，最终达到自我实现需要，你就会成为一个完全成功的人。

激励有两种基本理论，一是马斯洛的需要层次理论。马斯洛的需要层次理论把人类不同种类的需要按照金字塔的形状进行排列，见图9-1，最底层的是基本生理需要，最高层的是自我实现需要。根据这一理论，人具有一种内在的动力把自己不断推向需要金字塔的巅峰，即自我实现。

下面我们以自下而上的顺序详细描述各个不同层次的需要：

（1）生理需要是指人得以生存的最基本需要，比如对于食物、水、住所、睡眠的需要都属于此类。一般而言，大多数的工作都能够充分地满足生理需要。

（2）安全需要包括生理的安全以及心理和情感的安全。许多工作让人觉得不安全（比如警察和出租车司机），所以，许多人会为了得到安全的环境而被激励。近些年来，失业的威胁总是让人觉得不安全。

（3）社会需要是指对于爱和归属感的需要。与前面所叙述的需要不同，社会需要关注人与人的互动。许多人具有强烈的需要想要成为团队的一部分，或者被他人所接受。被同龄人或同事接受在学校和工作中非常重要。许多人如果不能在工作中有机会与别人紧密联系，他们就会变得不开心。

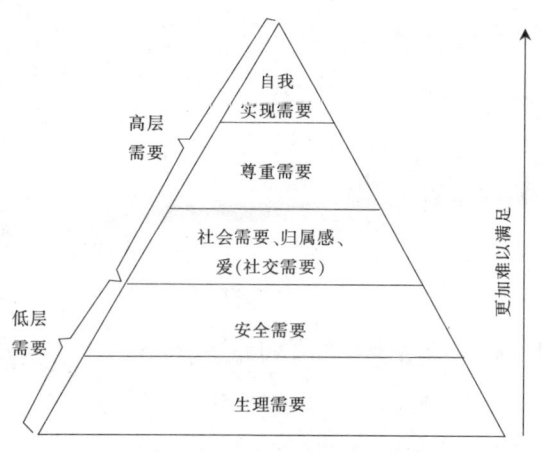

图 9-1 马斯洛的需要层次图示

（4）自尊需要是指人们希望被别人或自己认为是有价值的需要。自尊需要也被称为自我需要，是指人们希望别人认为自己很能干的需要。一个被自己或他人看做是有价值的工作能够满足人们的自尊需要。

（5）自我实现需要是最高层次的需要，包括自我成就需要和自我发展需要。真正的自我实现是要对理想不断追求才能实现的，而不是占据一个具有挑战性的职位就能满足的。一个人如果实现了自我，那么他就成为了自己应该成为的人。

马斯洛的需要层次理论是一种对于需要进行简单分类的理论。它的出现让许多人开始认真考虑对人的激励问题。它的基本价值在于，它突现了工作场合中需要的重要性。

另一个是激励的期望理论。

一是基本组成部分。

激励的期望理论有 3 个基本组成部分：对于成功的期望值；对于回报的预期以及目标效价。

A.预期成功的可能性很大：人们相信自己可以完成任务 (努力与绩效的关系)，会在这些情况下受到激励。

B.人们相信自己的表现可以带来回报 (绩效与奖励的关系)。

C.回报对于个人的吸引力很大：人们认为给自己的回报很有价值(奖励与满足个人需要的关系)。

二是基础版本的期望理论。

(1) 期望概率是指个人认为通过努力能够正确完成任务的可能性。在人们为了完成一项工作而努力之前所要问的一个重要的问题是："如果我全身心投入的话，是否真的能够完成任务呢？"在人们的心中，每一个行为都与对其成功概率的预期有关。预期是一种对于概率的判断，它的范围从 0 (没有任何机会) 到 1 (绝对会成功)。于是期望就会影响你是否愿意为了获得回报而进行尝试。自信的人的期望值往往很高，而接受良好的培训也可以增强个人能够完成任务的信心。自我效能也会影响期望，如果你觉得自己完全具备完成某一任务的各种能力，你就会因此受到很大的激励。有些自信的、技艺高超的跳伞运动员之所以故意迟迟不开伞，是因为他们相信自己完全可以在以时速200 公里做自由落体运动时顺利开伞。

(2) 激励力量是指个人预计如果成功完成任务后能够得到自己所希望回报的可能性。人们做某件事情往往是为了获得某种回报。对于回报预期的变化范围也是从 0 (即便成功也不会有回报) 到 1 (只要成功就会有回报）。比如，"只要我这两周每天都出现在办公室（行为），就可以得到报酬（回报）。"

（3）目标效价是指回报对于个人的吸引力。任何一种工作都会有许多回报，但是每种回报各自的效价是不同的。比如，你为公司节约成本提出了非常有用的建议，可能的回报包括现金奖励、工作评估优秀、晋升、认可和地位的提升。工作中的许多情况既有效价为正的结果，也有效价为负的结果。比如，晋升可以获得更多的收入和权利，但也会减少与家人和朋友相处的时间，而且还会遭人嫉妒。

在该期望理论中，效价的变化范围是从−100到+100。如果效价是+100，那就说明你非常喜欢这个回报。如果效价是−100，那就说明你对这个结果很不满意，这样你就会努力回避它。如果效价是0，则说明你对这个结果无所谓，所以效价为0的回报没有什么激励效果。

三是激励和能力如何影响工作绩效。

期望理论的另一个贡献是解释了激励和能力如何影响工作绩效。正如图9-2所示，人们只有同时拥有能力和激励的时候才能取得预期的工作结果，两者缺一不可。认识到能力在这一过程中的作用非常重要，而不能高估激励对于成功的作用，不要认为只要不断尝试就可以成就任何事情。在现实当中，要想成功还需要具备相应的受教育程度、能力、手段和技术。

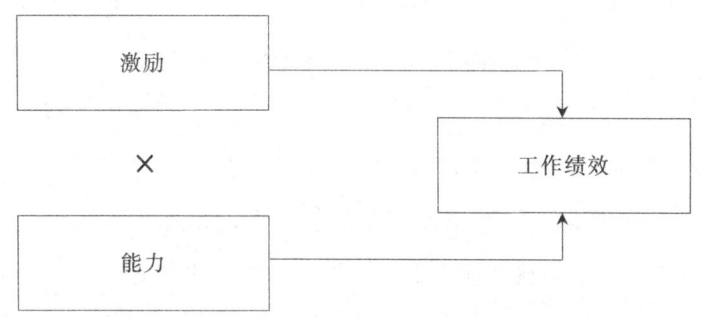

图9-2 激励和能力如何影响工作

能够很好运用激励相关知识的一个方法就是诊断一下自己或他人在某一特定情况下没有得到很好激励的原因：是否拥有满足重要需要的机会？是否预期能够成功？是否认为自己能够完成任务？预期是否能够得到回报？是否相信只要成功就能得到相应的回报？回报对自己有意义吗？

对于自我激励的 7 种技巧，图 9-3 做了简要的总结。所有这些技巧都是基于有关人类行为的理论和研究。

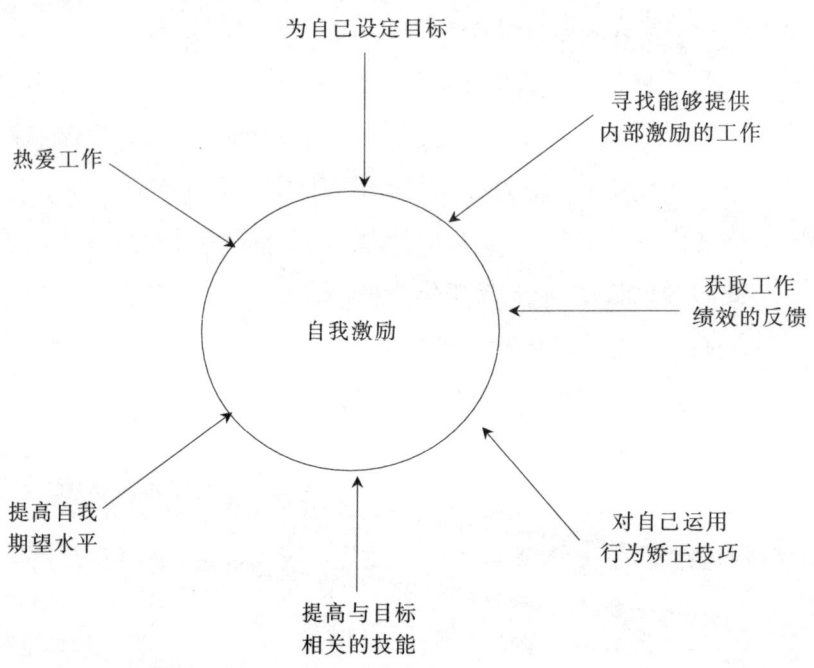

图 9-3　自我激励技巧

1.为自己设定目标

设定目标对于激励非常重要。你可以为自己设定年度目标、月度目标、本周目标、当天目标，甚至是早晨目标和下午目标。比如，"在中午以前我要处理完所有的电子邮件，并且为如何提高本部门的安全水平提出建议。"制定更为长期的目标，或者是人生目标，也可以帮助你获得动力，推动自己达到更高的成就。但是，长期的目标必须辅以一系列相匹配的、具体的短期目标才能发挥作用。

2.寻找能够提供内部激励的工作。

学习有关内部激励的内容，再结合对自己的认真思考，你应该可以识别出你认为可以为你提供内部激励的工作。下一步，就是找到能够充分激励你的工作。比如，你可以从自己过去的经历中找到足够的证据说明与他人密切交往可以对你有所激励，那么你就可以为自己找一个较小的、友善的团队去工作。

但有时候由于受到各种条件的限制，你对于工作没有太多的选择权，那么就设法尝试对工作的具体内容尽可能做些改变，以得到你希望得到的回报。如果你觉得解决问题会让你兴奋不已，而你85%的工作都是例行的，那么你就可以试着养成良好的习惯尽快把例行的工作做完，剩下更多的时间去做工作中富有创新的部分。

3.获取工作绩效的反馈

一个人如果没有办法得到有关自己绩效的反馈，无论是主观的还是客观的，那么他将很难一直保持高昂的斗志。即便你的工作非常令人兴奋，你也同样需要反馈。包装设计工作本身就非常吸引人，但是包装设计人员也非常喜欢自己的设计成果被展示出来，因为这能够说明"你的设计足够好，可以让别人欣赏"。

4.对自己运用行为矫正技巧

为了运用行为矫正技巧很好地激励自己，你首先要确定需要得到激励的行为是什么（比如，在周六的晚上工作两小时）。然后，你要找到适合自己的奖惩措施，运用奖励措施来正向强化。

5.提高与目标相关的技能

根据期望理论，只有当你觉得自己有把握完成一件事情的时候，你才会努力去做。而想要提高自己对于成功的主观预期，一个切实可行的方法就是提高自己完成任务所需的技能，这样你就提高了自我效能。对于成功的预期高了，自信心足了，激励作用也就变强了。

6.提高自我期望水平

对自己的期望高，一般往往会取得更好的结果。因为你觉得自己能成功，所以你真的会成功。这种期望的自我实现效果已经由实验得到证明。要培养较高的自我期望以及积极的人生态度需要长期的过程，然而，这对于在各种环境中有效激励自己非常重要。

7.热爱工作

有效激励自我的另一个方法是热爱工作。如果你坚信大多数的工作是有价值的，而且努力工作让人愉快，那么你就会受到很大的激励。让一个不怎么热爱工作的人转变对于工作的看法并不是一件容易的事情，但是如果他反复认真思考工作的重要性，并且向正确的榜样学习，那么他对于工作的看法变得更积极也不是不可能的。

想象这样一个情景：你正在看一个关于患有某种可怕疾病的孩子们的特别节目，他们需要输血来维持生命，他们需要 AB 型阴性血型的血源，但是他们所需的这种血源捐献者非常稀少，远远不够救助这些孩子们。当节目结束时，你深受感动，泪如泉涌。你关掉电视机，发誓要一个月献一次血，因为你有这种 AB 型阴性血型。在那个星期里，你安排了时间去血库。但是最后你发现在那一年你做这件事的次数只有一次。最后你甚至放弃了把这种安排纳入你紧张的日程表的努力，你完全不再考虑这件事情。这是为什么？难道你是一个坏人，缺乏同情心来记住那些可怜的正处于病患之中的孩子们？

每一次你被说服采取一个新的行动，你都会感到有一种情绪在激发你，促使你。你在那天晚上关掉电视机深深地担忧着处于病患之中孩子们的状况，你感到一定要去帮助他们。但是你的情绪状态只是短暂的，它随着时间的消逝而减弱。正如它直接与电视节目所产生的强烈情绪联系在一起一样，你关掉电视的时间越长，你的这种情绪就越弱。几个月以后，当你试着挤进一个去血库献血的旅程中时，你已经没有产生这个行为的原始情绪同样程度的情绪动力了。因为你的动机只是被短暂而激动的体验所激发，你不能指望依靠这种情绪来创造一个持续的改变。为了保证你能坚持你想要采取的新行为，你必须通过足够的行为实践来确保这种行为持久。你必须训练你的大脑接受这个行为，大脑的接受只能来源于实践。如果你能把处于病患之中小孩的电视节目录制下来，每个月看一次，你到血库献血的次数就会提高。如果你能够连续去血库献血好几个月，你的大脑就很可能会自动调节，新的神经系统联系路径将会支持这个行为。于是，拯救处于病患之中的小孩就会成为你的一个新习惯。

不要等待，立即行动

一位毕业于哈佛的商业巨子在谈到他的成功秘诀时，只说了四个字："现在就做"。的确，很多人习惯于等待，习惯于拖延，习惯于在自己认为合适的时间做事。但是，时间是残酷的，它不会因为你的等待就多陪伴你一会儿，无论你怎样挽留，它也不会停下前进的脚步。记住赛谬尔·斯迈尔斯的话：利用好时间是非常重要的，一天的时间如果不好好规划一下，就会白白浪费掉，就会消失得无影无踪，我们就会一无所成。

石油大亨洛克菲勒曾经这样忠告自己的女儿："一旦确定了目标，就应尽一切可能，努力达到目标。如果你要当一名律师，首先要了解律师的一天是怎么度过的。要找与这一职业相关的人交谈，了解情况，学习经验。要记住，跟讨厌自己职业的人交谈，不会有积极作用。优秀的忠告者会给你提出合理的建议，尤其重要的是他会教导你怎样去做。当你达到了目标，自己开了律师事务所，就知道这些的必要了。"

哈佛商学院的一个精髓就是推崇立即行动的商业精神。

电脑博士与世界首富

1973 年，英国利物浦市一个叫科莱特的青年，考入了美国哈佛大学，常和他坐在一起听课的，是一位 18 岁的美国小伙子。大学二年级那年，这位小伙子和科莱特商议一起退学，去开发 32Bit 财务软件，因为新编教科书中已解决了进位制路径转换的难题。

当时，科莱特感到非常惊讶。因为他来这里是求学的，不是来闹着玩的，再说对 Bit 系统，博士才教了点皮毛，要开发 Bit 财务软件，不学完大学的全部课程是不可能的。他委婉地拒绝了那位小伙子的邀请。

10 年后，科莱特成为哈佛大学计算机系 Bit 方面的博士研究生，那位退学的小伙子也在这一年，进入美国《福布斯》杂志亿万富翁排行榜。1992 年，科莱特继续攻读，成为博士后；那位美国小伙子的个人资产，在这一年则仅次于华尔街大亨巴菲特，达到 65 亿美元，成为美国第二富豪。1995 年，科莱特认为自己已具备了足够的学识，可以研究和开发 32Bit 财务软件了，而那个小伙子则已绕过 Bit 系统，开发出 Eip 财务软件，它比 Bit 快 1500 倍，并且在两周内占领了全球市场，这一年他成了世界首富，一个代表着成功和财富的名字——比尔·盖茨，也随之传遍全球的每一个角落。

在这个世界上，有许多人认为，只有具备了精深的专业知识才能创业。然而，世界创新史表明：先有精深的专业知识才从事发明创造的人并不多，不少成就一番事业的人，就是在知识不充分时，就直接对准了目标，然后在创造过程中，根据需要补充知识。比尔·盖茨在哈佛大学没毕业就去创业了，假如他等到学完所有的知识再去创办微软，他还会成为世界首富吗？

在这个世界上，似乎存在着这么一个真理：对一件事，如果等所有的条件都成熟才去行动，那么你也许得永远等下去。人如果不能创造时机，就应该抓住那些已经出现的时机。当机立断是一个人的能力与才干的表现，一个成功的人懂得机会来到时应该怎么办，更懂得每一件事来临时应该怎么办。"立即行动"就是最好的办法。不管什么时候，如果觉察到拖拉的恶习正在侵袭你，或者这种恶习已经缠住你了，这四个字就是对你的最好提醒。

哈佛商学院的一个精髓就是推崇立即行动的商业精神。这种精神强调职业经理人要养成良好的习惯，在机会面前要立即行动。如果你想赚钱，一定要敢于行动。世界没有免费的午餐，也没有天上掉下来的馅饼。不行动你不可能赚钱，不敢行动你赚不了大钱。敢想还要敢干，不敢冒险只能小打小闹，赚个小钱。不管什么时候都有许多事情要做，要克服懒惰的习惯，养成立即行动的好习惯。你不妨从遇到的随便一件事上入手，不要在意是什么事，关键在于打破游手好闲的坏习惯。换个角度说，假如你要躲开某项烦人杂务，你就要针锋相对，立即从这项杂务入手。要不然，这些事情还是会不停地困扰你，使你厌烦而不想动手。你一旦养成了"立即就做"的工作习惯，大体上你就把握了人生进取的精义。

哈佛的这种商业精神对其学子影响非凡。比如，它对职业经理人的独立创业精神有很大的促进。哈佛商学院的学生毕业以后，独立创业的比例明显高于其他商学院。这种冲动，毕业于哈佛的易凯网络资本公司 CEO 王冉称之为创业的 DNA。王冉说，"哈佛商学院的学生尽管毕业后大多数进了大公司，但是多少年之后，出来创业的比例还是高于别的商学院。从这一点上说，哈佛商学院有一个精髓就是推崇创业精神。实现理想，更自主自由地从事商业活动，这可能是职业经理人创业的最大动因。想当年，当比尔·盖茨意识到 PC 是一个巨大的机会的时候，他没有多少犹豫，很快放弃哈佛大学学业，白手起家创办微软。同样的，甲骨文公司老板埃里森，在可以开创一个数据库管理时代的巨大机会面前，不仅放弃哈佛学业，赚取 260 亿美金后，还回哈佛演讲，鼓动学生退学，立即实现那些美好的机会，结果被警察拖下讲坛。

哈佛大学心理学教授戴维·麦克理南认为，21 世纪的竞争力决定于行动力；行动力的全方位落实，决定于学习力。改变现状，需要果断的行动力，更需要改变自我的学习力。

目标很重要，计划很关键，行动最有力量！行动是伟大目标得以实现的根本，今天就是你未来人生的新起点。定好了目标，做好了准备，就出发吧！

负起你的责任

消极、怠惰、拖沓、推诿搪塞、投机取巧、敷衍了事、做一天和尚撞一天钟，都是对自己、对企业不负责任的行为。工作中的很多失败都源于责任心的缺乏。责任心是做好每一份工作的必要前提。因此，任何一家企业都会毫不犹豫地剔除不负责任的员工，而那些尽职尽责的人则备受青睐。尽职尽责就是要勤恳努力、兢兢业业、不计个人得失，一切为企业的利益着想。

世界 500 强企业的零售商沃尔玛的一位主管吩咐三个员工去做同一件事：去供货商那里调查一下家用电器的数量、价格和品质。第一个员工并没有亲自去调查，而是用电话打听了一下供货商的情况就做了汇报；第二个员工亲自去供货商那里了解了一下家用电器的数量、价格和品质，就回来汇报；第三个员工不但亲自到供货商那里了解商品情况，还根据公司的采购需求，将供货商最有价值的商品做了详细的记录，并且与其销售经理取得了联系。在返回途中，他还去了另外两家供货商那里，并将三家供货商的情况进行详细比较，制定出了最佳购买方案。

第一个员工敷衍了事；第二个员工被动听命；只有第三个员工做到了尽职尽责。如果你是总裁，你会重用哪一个呢？如果有加薪的机会，谁会得到它呢？尽职尽责源于对所从事工作的热爱。把工作当做一种乐趣，无形中你会做得更好；对工作满腹牢骚，必难获成功。工作，如果仅仅为了换得养家糊口的那点钱，它就仅仅是一份工作；如果满腔热情，全身心地投入，它就是一种事业。

做事要踏实

美国人克罗克从小就喜欢胡思乱想，被人们称为丹尼梦游人。他四处碰壁，在太多不切实际的梦想破灭之后，才意识到脚踏实地的重要性，并且下定决心愿意为此付出毕生的努力。意识的转变决定行为的改变——他很快便热爱上了眼前的工作——他从咖啡豆和小说的推销、出纳等游移工作状态中彻底摆脱出来。在芝加哥，克罗克坚定执著地当上了"丽丽牌"纸杯的推销员，并且这一干就是20年。凭着脚踏实地和积极肯干，克罗克不但为自己积累了宝贵的经验，也积累了珍贵的财富，为自己创业打下了坚实的基础——最终成为世界快餐业巨头——麦当劳的创始人！世界500强企业需要踏实工作的人。脚踏实地，放弃一切不必要的幻想，是任何一名员工做好工作的第一步；也是员工调整好心态，积极主动地工作的第一步；同样是员工扎根职场，逐步显示潜力和价值的第一步；更是员工提升自己，适时展现光芒的第一步！工作中要了解自己的能力，准确定位，不要好高骛远、心浮气躁。比尔·盖茨最聪明的地方不是他做了什么，而是他不做什么。以他的实力，完全可以买下整个纽约，可以去做房地产，但他专注于自己所擅长的计算机操作系统。软件开发，而不受市场中别的利益点所诱惑。投资大师沃伦·巴菲特，即使在IT业最风光的时候，他也没有持有一家IT公司的股票，原因很简单：技术上的事他懂得不多，而对自己搞不懂的事，他一般都敬而远之。他只把钱投在自己认为可靠的地方。"在其他人都投了资的地方去投资，你永远不会发财。"沃伦笃信此理念，也正是由于他坚持特色，执著理念，才在资本市场上如鱼得水、大赚特赚。巴菲特是保持头脑清醒的典范，任何时候他都知道量力而为。奋力踢开脚下的浮板，义无反顾地踏上坚实的陆地，只有这样，才能放射出属于你的光彩！险峰之巅的美妙风景永远属于脚踏实地、一步一个脚印追寻自己梦想的人！

怀着感恩的心去工作

一个高情商的人必定懂得感恩。

哈佛大学毕业的玛丽小姐就职于美国邮政服务公司，与她相处过的同事都对她的友好、善良等美德留有深刻的印象。几乎每一个和她相处过的人都最终成为了她的朋友。有人不解，就问玛丽小姐有什么和人相处的秘诀。玛丽小姐微笑着说出了自己心底的秘密："一切应该归功于我的父亲，很小的时候他就教导我，对周围任何人的给予，都应该抱有感恩的心情并永远铭记，并且尽快地忘记那些不愉快的过去……我幸运地获得了这份工作，有很多友善的同事，虽然上司对我的要求很严格，但是在私人生活方面对我却很照顾，所有的这一切，我都铭记在心，并且对他们永远心存感激。一直带着这种感激的态度去工作，很快我就发现，一切都美好起来，一些微小的不快也会很快过去。我之所以工作得很顺利，主要是因为大家都很乐意帮助我。"

感恩是一种积极健康的心态。当你以一种知恩图报的心情去工作、去面对所有人时，你就会在工作时拥有愉快的心情，而这一点对职场中的每个人来说都是至关重要的。有过体验的人都知道，一份好心情往往会让你的工作更出色！

微软清洁女工的感恩情怀

微软总部的办公楼里有一位临时雇佣的清洁女工，在整个办公楼几百名雇员里，她是唯一没有任何学历的人，却是工作量最大、拿薪水最少的人。可她却是整座办公楼里最快乐的人！每一天，哪怕是每一分钟，她都在快乐地工作着，对任何一个人都面带微笑，对任何人的要求，哪怕不是自己工作范围之内的，也都愉快并努力跑去帮忙。热情是可以进行传递的，周围的同事也很快被她感染，有很多人和她成了好朋友，甚至包括那些公认的冷漠的人！没有人在意她的工作性质和地位。她的热情就像一团火焰。慢慢地，整个办公楼都在她的影响下快乐了起来。比尔·盖茨很惊异，就忍不住问她："能否告诉我，是什么让您如此开心地面对每一天呢？""因为我在为世界上最伟大的企业工作！"女清洁工自豪地说，"我没有什么知识，我很感激公司能给我这份工作，可以让我有不菲的收入，足够支持我的女儿读完大学。而我对这美好现实唯一可以回报的，就是尽一切可能把工作做好，一想到这些，我就非常开心。"

女清洁工的感恩情怀深深打动了比尔·盖茨，他动情地说："那么，您有没有兴趣成为我们当中正式的一员呢？我想你是微软最需要的。""当然，那可是我最大的梦想啊！"女清洁工睁大眼睛道。此后，女清洁工开始用工作的闲暇时间学习计算机知识，而公司里的任何人都乐意帮助她，几个月以后，她真的成了微软的一名正式雇员！

只要你带着感恩的心情，快乐地工作，任何一家企业都愿意为你敞开大门。

建立工作中的人际关系

任何想要在工作上取得成功的人，都必须和上司、同事以及顾客保持良好的人际关系。一项调查显示，有90%的员工被解雇不是因为工作能力低下，而是因为工作态度不端正、行为不当以及难以和他人建立良好的人际关系。当你想要加薪、晋升或调到更好部门的时候，都需要得到顶头上司的首肯。同时，如果你和同事关系良好，那么你在开展工作时就能够得到他人的帮助，顺利完成工作也就不成问题。所以，我们要与上司建立良好的人际关系。

1.从上司的角度看待问题

（1）尝试着从上司的角度来看待工作中的问题。要想从他的角度看待问题，就必须首先了解他的个人风格。比如，你的上司是否会在决策前抛弃那些不太成熟且风险较大的想法？如果是，那么他虽然会向你征询意见，但实际上并不一定会采纳。所以，如果你提出的风险较大的方案最后没有被采纳，那也不要灰心丧气。

（2）通常上司和团队成员往往具有不同的视角，因为上司往往会掌握一些其他人不知道的信息。比如，你的上司很可能知道公司马上就要紧缩银根，但是这个消息还处于保密阶段，而此时员工请求公司资助他们去参加一个商品交易会，作为上司必须要回绝这样的请求，但没有办法对此做出合理的解释。这时，员工们应该对自己说："实在是太不幸了。不过也许上司有正当的理由，只是因为某些原因不能说罢了。"

2.弄清上司对你的期望

有些人没有把工作做好仅仅是因为他们没有完全理解上司要求他们干什么。有时候，员工必须主动与上司沟通，弄清上司对于自己工作的期望是什么，因为上司有时也会忘记说清楚。

3.建立信任的关系

要与上司建立良好的关系就必须赢得他（她）的信任。信任是通过一系列长期的行为累积起来的，比如按时完成工作，信守诺言，准时上班不无故缺勤，不向他人散布机密信息等。信任的建立必须具有下面 5 个条件：

（1）接纳性。虽然在决策之前可以充分讨论各个实施方案，但是一旦做出决定，就要坚决执行，并将上司的想法准确无误地传达给相关人员。一个不尊重上司的人在希望实现自己想法的时候也不会得到应有的帮助。

（2）有用性。一个值得信任的员工往往在上司面临压力的时候，可以及时给予上司帮助以及情感上的支持。

（3）可预知性。一个值得信任的员工是可以让上司放心的、总能按时保质完成工作的人。

（4）个人忠诚。表示你忠于上司的一个有效途径就是支持上司的想法。比如，你的上司想要采购一个工业机器人，你就可以研究一下使用机器人对于工厂有什么好处，并且向他人介绍你的研究成果。忠诚往往还意味着不要将上司告诉你的机密消息泄露给他人。

（5）坦诚。当工作出现问题的时候，一定要坦诚地告知你的上司，不要报喜不报忧。当然，如果你的上司已经有一大堆困扰缠身，那么你就应该在说明问题的同时提供符合客观事实的合理解释或解决方案，而不是说谎。

4.尊重上司的权威

（1）报告问题的同时也给出解决方案。许多员工在会见上司的时候只是带着问题去，如果上司已经压力重重，这样做只会给他带来更大的压力。如果能够想好解决方案，或者把问题解决后再向上司汇报，这对他来说就是一种压力释放。

（2）建设性地表达歧义。在当今的职场中，如果你确实认为你的上司想法有误，那么更好的做法是以建设性的方式表达你的真实想法。从长远来看，这种做法比一味逢迎更加能够赢得上司对你的尊重。但前提是你必须对情况进行了深入透彻地分析，而且能够十分巧妙地表达。这意味着：千万不要当众大声与你的上司对峙，这会让他处于十分尴尬的境地。如果你不同意上司的想法，那么应该小心措辞，尽量不要采用冒犯的语气。

（3）给予上司积极的强化和认可。一个管理有方的上司应该会对员工的良好表现和行为进行表扬，而把这个过程颠倒一下，也能够帮助你与上司建立合理的关系，特别是在上司得不到大老板认可的时候，

受益一生的哈佛情商课

效果就更好。当你的上司给你特别好处的时候，你可以利用感谢给予他认可和欣赏。

（4）谈论重点问题。不要闲扯琐事，如果你总是闲扯一些鸡毛蒜皮的琐事，那么你的事业往往也不能得到发展。如果你特别喜欢谈论天气、电视节目或者是餐馆的饭菜，那么请把这些话题留给那些同样喜欢谈论琐事的人们，可千万别指望用这些话题来打动你的上司。

（5）审慎地发展与上司的私人关系。一个一直困扰员工的问题是，应该与上司发展何种类型的私人关系，以及发展到什么程度才是合适的。解决这个问题的一个指导方针是在大多数员工都可以参与的活动中与上司发展友善的私人关系；而与上司在工作之余的单独社交活动往往会导致角色冲突，这些活动包括独自与上司在外宿营或是两人约会等。

（6）小心地向上司推销自己的想法。在向上司推销自己想法的时候注意千万不要惹上司心烦。不要一想到什么就急急忙忙地找上司诉说，这样做会浪费他的时间。你一定要等到想法基本完善的时候，再与上司交流，而且要在给出具体建议之前列出实施建议的好处，并列出你的想法中可能存在的缺陷。

（7）与上司良性互动。上面所阐述的许多技巧的最终目的就是要做到与上司良性互动。研究发现，有意识地给上司留下良好印象的员工往往能够在绩效评估中获得更好的成绩。有意识地取悦上司的员工往往被认为与上司更加相似，而那些在人口统计因素（种族、年龄、性别）方面与上司相似的员工也会取得较好的绩效评估成绩。因此，不管是有心也好，天生也罢，和上司相似总能取得上司的青睐。

无论你的职位高低，有时候你总需要他人的帮助，而这些人往往并不是你的下属，因此你必须与同事建立良好的人际关系。如果你能和他们保持良好人际关系，那么就能做到一呼百应，开展工作自然也会顺利许多。研究发现，工作中的友谊与工作满意度以及工作热情的提高有关，而且在工作中拥有友谊的员工往往也对组织更加忠诚，辞职的可能性也小了很多。研究人员把研究成果总结成如下模型：

友谊→工作热情→工作满意度→组织忠诚度→低跳槽或低下岗概率

与同事相处，是有原则可循的：

（1）遵守群体规范。这些规范往往是不成文的规定，包括了群体成员哪些行为该做哪些行为不该做的标准。如果你没有偏离这些规范，那么你的许多行为都能够被其他成员所接受。但是如果你偏离得太远，那就可能被群体所抛弃。群体成员可以通过直接观察或者由其他成员告知学习群体规范。

大多规范还会涉及群体成员该和谁一起吃饭，周五下午一起喝茶，或一起加入部门的运动队，甚至涉及上班的服饰穿着。因此群体规范还会影响工作环境中的社会行为，如果你太不遵守这些规范，则很可能被大家驱逐出群体。

但是，如果你太遵守群体规范，又将面临丧失自我的危险。你会被上司认为是"那群人中的一个"，而不是努力在组织中寻求发展的个人。与群体交往过密也要付出代价。

（2）成为一个良好的倾听者。与同事建立良好关系的最简单方法就是成为一个良好的倾听者。在工作中同事可能会向你倾诉遇到的各种问题，或者向你倾诉各种抱怨。在午餐、休息的时间以及下班路上可以倾听同事谈论他们的私人生活、时事、体育新闻等，能够密切你与同事的关系，且不会造成不良影响。

（3）保持诚实和开放的人际关系。人本心理学认为与他人保持诚实和开放的人际关系非常重要。当某个同事询问你有关某个问题的看法时，你应该以诚相待，但是要注意措辞，这样有利于保持开放的人际关系。

（4）表现出乐于助人、易于合作、谦和有礼的态度。许多工作都需要团队合作，如果你表现得乐于助人，而且愿意与他人合作，那么就非常容易被视为很好的团队成员。公司的组建本来就是基于合作，没有合作整个系统就会崩溃。在对工作绩效进行评估的时候，很多公司都包括了关于合作态度的打分。你的上司和同事会对你的合作态度进行评价。

（5）多去帮助别人。不要总惦记着让别人帮你，对于维持良好的人际关系而言，多去帮助别人更为重要。可以运用前面提出的人情银行进行储蓄的方法做一些力所能及的事情帮助他人，而且帮人要帮到位，不要好事做一半，给别人造成许多麻烦。

（6）请求胜于命令。当你需要他人帮助的时候不要用命令的口吻，而是要用请求的口吻。运用请求的口吻能够收到比较好的效果，那是因为大多数人喜欢给他人出主意和提供帮助时的感觉，没有人喜欢被冷冰冰地命令做这做那。

（7）做一个能够给予他人支持的人。给予他人支持的人是能够促进别人成长的人，而且往往也是一个积极的人。他们能够给予别人支持，而且总是能够看到别人好的一面。与这一类人相反的人就是破坏积极氛围的人，因为他们总是看到别人身上不好的一面。下面的例子充分说明了这两种人到底有什么不同：

兰蒂是一位采购专家。一天她面如菜色地闯进办公室说道："非常抱歉这么贸然闯进来，有没有人能我帮我一把？我花了3个小时在电脑上绘制一份表格，但是不知为何这个文件突然消失了。我真是急死了！"

一位同事马格特说："不要着急，我可以帮助你整理一下思路，我们现在就过去看看吧。"而另一位同事拉尔夫则悄悄对马格特说：

"让他自己去看使用手册吧。否则你可就惨了，以后他每次碰到问题都会来找你的。"

如果你和拉尔夫这样的人待得时间长了，一定会觉得倦怠、沮丧、精疲力竭。而和马格特这样的人在一起一定会积极乐观、充满热情。能够经常给予别人支持，让别人鼓起勇气充满热情的人往往会获得更好的人际关系。

工作中，除了与上司、同事，还要与顾客建立良好的人际关系。与顾客建立和保持良好关系的方法主要有以下9种：

（1）建立顾客满意度目标。使用这种方法的前提是首先考虑好有关目标，并要考虑好三级目标：公司目标、部门目标和个体目标。然后有针对性地采取达成目标的具体措施。

（2）了解顾客的需要。许多顾客没有办法清晰地表达他们的需要，而且，他们有时候也不确定到底是否有需要。为了帮助顾客明确他们的需要，你必须要收集信息。比如，照相机店的销售人员会问顾客："你心里期望的照相机是什么样子的呢?"这样他就可以判断哪种型号、品牌和价位的相机能够符合顾客的需要。

（3）将顾客的需要放在首要位置。如果已经清楚界定顾客的需要，那么下一步就是在可能的范围内尽力去满足顾客的需要，而不是自己贪图方便省心，顺便满足一下顾客。如果长期"顺便满足顾客"，顾客就不会去满足你了——连顺便满足的机会都不给你!

（4）关心顾客。在与顾客接触的时候，一定要真正从顾客的利益出发，至少让顾客感觉到你的真诚。你可以这么问："您的相机用得顺手吗? 今天过得好吗?"当顾客回答了你的问题以后，一定要表现出真诚的关切，而不要虚情假意。

（5）表现出积极的态度。用很多方式都可以表现出积极的态度，比如得体的着装、友善的姿势、热情的语调以及良好的电话沟通技巧。

如果一个顾客因为提出了过多的要求而觉得有点不好意思，那么你应该回答："您不用客气。我们的工作就是为了让您满意，没有您的支持我们的事业也就无法兴旺。"另一个重要的方法就是对每一位顾客都展现热情的微笑，微笑往往能够让人们关系融洽。即便你的顾客对服务非常愤怒，也请保持微笑的姿态。

（6）主动帮助顾客解决问题。如果顾客有问题，即便不是你的工作失误造成的，那也要主动为顾客解决问题。

（7）后续跟踪。跟踪自己的服务是否令顾客满意是与顾客建立良好关系的有效办法。有时，一个回访电话就足够了。这一方法之所以有效是因为这样就完成了沟通的一个循环过程。

（8）建设性地解决冲突。如果你和顾客发生了冲突，那么首先应该采取双赢的方式来解决冲突。另外，还请记住两个方法：第一，允许顾客把胸中的怒气发泄出来；第二，把顾客当成合作伙伴。

（9）把顾客当成合作伙伴。这意味着与顾客一起来解决问题，比如，一位顾客的一个订单无法按时交付，那就应该这么说："让我们一起来看看这个问题应该怎么解决。您看我们是否能够一起商讨出一个对我们双方都有利的解决方案。"

第十课 情商与婚姻：
情商指数决定幸福指数

　　哈佛精英不仅是社交圈中的明星，也是职场中的佼佼者，更是婚姻中生活的榜样和模范。

　　家庭是社会的细胞，是社会的重要组成部分。哈佛情商课指出，把情商带入家庭，培养起一个高情商家庭，不仅能提高家庭的幸福度，也能为工作提供不竭的动力，从而在构建和谐社会中成为让人羡慕的榜样。

维护婚姻中的情商关系

在婚姻当中，是否让妻子在性、浪漫以及情感方面感到满意的决定性因素有 70%取决于夫妻之间友谊的质量。而对于男人，也有 70%的决定性因素取决于夫妻之间友谊的质量。因为男人和女人毕竟来自同一个星球。

约翰祖父母的幸福婚姻

从约翰记事的时候起，祖父就双目失明。祖父在南达科他州东部的沙地中从事农业生产几十年。后来他得了一场大病，这场大病使他双目失明。在他 96 岁时，他成为一个人际关系方面问题的极好的听众。对于像连珠炮一样提出的问题来说，他也是一个非常有价值的倾诉目标——因为他拥有保持了 70 年的婚姻关系的丰富情感经历。他和祖母认为他们的关系与他们在农场度过的许多年有相同之处：适当的集中加上繁重的工作让他们克服了最困难的日子。比勉强坚持在一起更多一层的含义是，他们共同勤勉工作并且收获了 70 年的爱和友情。

当他们追忆往事、回想把他们连接到一起的纽带时，他们谈到忠诚，为了忠诚有时需要妥协。不管是在大萧条的最盛时期抚养小孩还是在暴风雪期间被关在屋子里好多天，他们都投入精力修复他们的争吵而不是正好相反去激化争吵。甚至在争吵中，他们也感到有责任去发现和理解另一个人的看法。作为一对高情商的夫妇，他们能够相处在一起是他们不断寻找共同点的结果。

加州大学伯克利分校罗伯特·利文逊的研究表明，要了解别人的情感状况，关键是首先要非常熟悉自己的情感发展。利文逊曾请了若干对夫妻到他的生理实验室来讨论两个问题：一是"你过得怎样"这类中性交谈；二是就夫妻的分歧进行 15 分钟的讨论。在这小小的冲突期间，利文逊记录下他们从心率到面部表情变化的每一种反应。

讨论分歧之后，夫妻中的一方离去，另一方留下来。然后，一边观看谈话的录像，一边讲出自己没有说出来的实际感受。此后，留下的人离去，另一方再回来，讲出自己对对方的说法或观点的感受。

善于设身处地替人着想的丈夫或妻子表现出了特别的生理活动。当他们将心比心、考虑对方情形时，他们自身会产生与对方相同的感受。如果看到录像中显示出配偶的心跳加快，移情的一方心跳也随之加快；如果看到录像中配偶的心跳放慢，有移情能力的配偶心跳也减缓。这种模仿与一种叫做调谐的生理现象直接有关，是一种亲密的"情感探戈舞"。

这种高度协调一致的关系要求我们暂时把自己的情感活动搁置一边，以便我们能更清晰地接收对方传递过来的信号。当我们沉浸于自己的强烈情感之中时，他人的心理活动很难影响到我们，就会漠视那些维持友好关系的更细微的信息。

开始一段新的浪漫关系非常像买一辆新车，驾驭它更多地像纯粹的天赐之福。当你环顾四周时，你几乎很难看到它的所有方面。每一件事情闻起来、听起来和看起来都是非常棒的感觉。你可以很舒服、很轻松地开着车，也许好几个星期，也许好几个月，你陶醉于开车的感觉，直到第一次发生以下情况：有些东西坏了，你需要修理它。交通工具，像人际关系一样，需要修理来保持平稳运转。如果一辆车值得拥有，那么有时候你需要更换一些零部件，需要花费时间和精力来让它保持在最好的状态。但是有时候令人惊奇的是，机修工的一个小小差错会让整辆车报废。让你的车运转很重要，但更重要的是修理车，这也是情商关系的关键。如果你不专注于定期伴随而来的磨损，你和你的配偶一定会发现你们处于两条平行线。

在华盛顿大学的约翰·格特曼博士和他的研究团队承担的研究中，他们仅仅通过观察夫妻们 5 分钟争吵的频率来预测未来的离婚情况，其预测准确率达到 93%。这项研究显示了夫妻之间的争吵有多么频繁无关紧要，但夫妇双方需要做出努力来友好地解决争吵和修复关系。情商关系是由两个集中精力修复争吵的人来推动的。修复关系可以采取许多种形式，但是所有形式的目标都是把争论转移到解决方案上。可以是一种妥协的建议，也可以运用你的幽默来打破这种紧张状态，但主要的意图是要发送一个强有力的信号：你会关心、尊重你的配偶，你的爱比证明你的正确更重要。

不断修复夫妻情感

那么，如何修复夫妻情感呢？

首先，必须认识到修复夫妻关系虽然不能解决你们之间的争执，却是一种超越对你配偶表达生气、愤恨和敌意的行动。

成功修复夫妻情感的首要问题是得依靠你的自我意识。如果你被情绪逼到死角里，你就不可能改善你们之间的争论。争吵会把你对配偶的所有情绪都带出来，因此，在这个时候维护你的任何一种行为和情绪的观点都会成为一项真正的挑战。如果你发现你自己的情绪是如此强烈以至于你无法清晰思考时，最好的办法就是什么都不做。然后向你的配偶解释你失控了，需要一些时间冷静下来，让你的想法聚集到一起。

然后，如果你足够沉着冷静且对情况有些看法，你可以启动修复情感中的下一个步骤。

运用你的社会意识技巧来把思想集中到以下想法上来：从你配偶的角度来看事情会是什么样的。除非你充分地理解了你的配偶为什么会采取这些行动，否则你无法成功地修复关系。你必须向你的配偶显示，即使你不同意他（她）的观点，你也关心从他（她）的角度来看待事情是怎样的。对配偶的观点表示尊重，无论他们是对还是错——这是妥协的关键。

另外，成功修复夫妻情感的表现形式多种多样。为了成功地修复情感，你可能需要在许多次失败的尝试中获得知识来武装自己。准备好去尝试在一次争吵中进行多次修复关系，一次失败的修复尝试可能会引起受伤害的情绪和受伤的自我。当你的配偶对你想让事情变得更好的努力产生误会时，你需要克服你的不适并尽力去承受面临的痛苦。你这样做得越多，他（她）就变得更有包容性，并做同样的事情。你在同感和理解方面重复的意图将不会在一个充满爱心、有责任的配偶身上消失。

并且，还要一起讨论修复情感也将有助于你们的关系。如果你能在下次争吵时谈谈你们的争论，很可能就是你们俩应当开始修复关系的时候。当你向你的配偶谈及修复情感时，你们发展了一种你们将在下次争吵期间都会运用的理解。即使你的配偶下次在两人之间的争吵中还很难做到修复情感，他（她）也将很可能承认你的努力并认识到这是显示关心和让事情变得更好的尝试。

最后，使用你的情商技巧来讨论和修复争论。你必须在整个争吵过程中认识你自己和理解你的情绪。这意味着要有足够的自我意识以便认识到什么时候你能容忍愤怒并启动修复关系。你需要使用你的社会意识技巧来"读懂"另一个人。如果你能自始至终进行自我管理的话，争吵将会变得更加平稳。修复情感不需要夫妻双方都要用情商行动，有时候只需要一方拥有自我管理的视角和启动修复关系。当另一方给予善意的反馈时，这种关系就建立起了一种来自情商的不可动摇的力量。

修复夫妻情感，意味着即使处于困境都要表达爱和尊重。

做孩子的情商模范

孩子是父母的希望和未来，孩子是否幸福是父母一辈子的牵挂，中国的父母在这一点上表现更为突出。把自己的孩子培养成为一个具有高情商的人才，是为人父母者为孩子创造幸福未来的首选途径。

拍西·凯利对儿子吉姆·凯利的鼓励

吉姆·凯利有一个困窘的童年。他的家庭非常贫困，当与他同龄的孩子都在无忧无虑地开展各种各样的体育活动时，吉姆却要与他的家人一起在一个轮胎厂做工。幽默拯救了吉姆：他能将他自己左边的脸弯曲成一个傻的模样，让在场的每个人都开怀大笑。他的父亲拍西·凯利支持儿子这种独特的"逃出"日常生活挑战的能力。更为重要的是，拍西希望吉姆能依靠他自己灵活的表演来生活得更舒适。

14岁那年，吉姆的喜剧天赋促使他在某天晚上去一个本地喜剧俱乐部尝试表演了一个以讲笑话为主的喜剧节目。吉姆非常投入排练他的节目，但他在上场表演前一周还在担心陌生人是否会接受他讲的笑话。他爸爸认识到吉姆心中的担心，花了几小时来帮助他练习表演。拍西希望吉姆克服焦虑，并帮助他建立起信心，他知道一个14周岁的孩子无法仅靠自己完成这个任务。在那个晚上他们一起去了俱乐部，但是吉姆在台上的个人表演遭到惨败。尽管遭受了挫折，拍西还是说服了吉姆继续保持对喜剧的爱好。

19岁那年，吉姆又回到了台上演出，他的节目甚至成为在加拿大巡回演出会的常规节目。大笑的观众证实了父亲一直告诉他的事情：吉姆非常有喜剧天赋。但是他知道对任何一个喜剧演员来说真正的考验是在好莱坞，因此他打点好所有的行装前往加利福尼亚。还没有待多久吉姆就意识到自己仅仅是这个大池塘里的一条小鱼。在破旧的汽车旅馆里生活和表演了两年后，表演仍然不成功，吉姆放弃了并且回到加拿大。回到家后，拍西提醒吉姆他有一种非凡的表演天赋，但是如果他想表演成功的话就必须在任何情况下都坚持下去。

吉姆返回到洛杉矶。他经常到一座小山上远眺好莱坞。一天夜晚，他突然被父亲对他的喜剧天赋的信心而感动，他给自己签了一张千万美元的支票，备忘录上记载着："对表演服务的报答。"

许多年后吉姆成为一位在一部电影中扮演主角而获得2 000万美元报酬的第一流的演员。在这之后不久，拍西去世了。在父亲的葬礼上吉姆非常悲伤，在向父亲的遗体告别时，吉姆向他父亲给他的爱表达感激之情。吉姆俯身在拍西的上方，低声说了最后一句"再见"，轻轻地从西服口袋里拿出一张千万美元的支票，作为父亲在所有这些年带给他热情支持的象征，这意味着所有的岁月都是父亲对他热心支持的回报。

在影响孩子的情商方面，父母亲拥有唯一的最好的机会。拍西·凯利的耐心指导比帮助吉姆理解他自己的天赋来说起了更多的作用。他的支持和鼓励增强了吉姆克服不适感的能力和相信自己的能力。拍西教他儿子自我管理技巧，因为他深知这是儿子最需要用来认识自己巨大潜力的技巧。情商技巧是培养的，不是天生的。在理解和处理情绪方面，父母的指导是隐藏在孩子展示情商最终能力背后的驱动力量。

一项研究表明，一个孩子的情商是父母情商技巧展示的结果，而不是他们个人情绪上困境体验的结果。孩子们是从他们父母那里学习情商技巧的，没有父母的示范，孩子们会错过最好的学习资源。你与你的孩子一起度过的每一个时刻都是展示情商的机会。当你避免大喊大叫时，你的孩子也会如此。当你注意并做到了询问孩子的难过感觉时，你的孩子将会学习到向朋友们显示同情心。如果你为你的孩子们做了情商的模范，他们将发展出他们所需要的与其他人更好相处的技巧，他们将会体验更高水平的成功，这将持续到他们的成人阶段。与孩子们实践情商的父母们会抚育出更为幸福、更加适应社会、获得更好的地位、取得更高水平职业成功的孩子。

培养高情商的孩子

大部分孩子的情绪会比成年人的波动范围更宽、程度更深、变化更快。询问任何一个有着两岁半小孩的父母，他们将会描述一分钟的令人眩晕的幸福，但接下来会转变成完全的失望。在孩子 4~7 岁范围期间，父母会享受孩子们在说出感觉时词语运用能力提高带来的成长快乐，但同时也会卷入到孩子们带来的琐碎事务中。快到青春期的少年则开始对学习负责，对自己的行动和自己的情绪负责。青少年能感觉到一种复杂的情绪，但是他们的生活经验还没有为这种情绪做好准备。抚育孩子的每一个阶段都会以某种新方式表现出来的强烈情绪为特征。在每一个年龄段，正在成长的孩子们和父母都会惊奇地发现情绪的变化。为了发展情商技巧，你的孩子必须感到被容许——甚至被邀请——来充分体验这些情绪和学会理解它们。

为了帮助孩子们理解情绪，你首先必须要为孩子们营造一个能接受这些情绪的宽松环境。

承认和接受孩子的情绪非常简单，也非常普通，但如果你把这一点当成是你的义务，那么在孩子身上累积的影响将会意义深远。承认和接受你女儿的感觉很简单，只需要说一句话"你最喜爱的毛毯不见了，这真让你很伤心"，而不是说"不要哭了，我们可以买另外一条"。第一种陈述告诉她，她所拥有的感觉是正常的和重要的。两种陈述都不会带走遗失毛毯的痛苦，无论选择哪种方式她都会继续哭泣。但第一种回应示范了情商意识，并告诉她，她的所想所感是有意义的。小孩子们无法以一种复杂的方式考虑事情，但是他们的心灵会像海绵一样吸收他们的经验。你通过教他们如何处理感觉来塑造你的孩子。

当孩子们最需要安慰时，承认和接受孩子的情绪是难做的一件事。

尤其在父母情绪低落时，如果孩子在他的能力范围之下做了一些愚蠢的行为，父母要避免发脾气很难。当你的 3 岁小孩拒绝与邻居小孩分享玩具并用玩具打了邻居小孩的头时，你不太可能会弯下腰低声说道："我理解你感到愤怒，宝贝，但是用你的玩具卡车打莉莉的头是不对的。"而一般都会大声训斥或者打孩子一顿。以上这两种反应都不是高情商的人所提倡的，因为你的语气、你行动的速度甚至你的所作所为都会教给孩子关于情绪处理方面的内容。一个表明你理解孩子愤怒的反应，比抓住他的胳膊把他拖出屋外的反应将会教给他更多的东西，从而学习到如何在下次控制他自己。

冲突和消极的抵抗也会在父母身上产生强烈的情绪。

当看到你的孩子变得很脆弱时，你会像看到他伤害其他的小孩一样烦恼。但是对情况的仔细考虑，会发现孩子们正是通过行动来表达他们的情绪。学步的小孩打其他的小孩或被其他小孩威吓得站在那儿不能动弹，这都是正常的，除非他们学到一种更好的自我表达方式。你的工作是给小孩子示范如何舒服地与自己的情绪相处，并通过与他们做一些有用的事情来训练你的小孩。作为父母，你应当用你的情商技巧提高孩子们在面临挑战时有同样反应的能力。你的孩子们将长大成人时，他们知道如何增强人际关系和管理自己的行为，从而获得他们想从生活中获得的东西。

像你面临自己的情绪时感到挑战和不适一样，训练孩子处理情绪也得一点点积累。

像生活中的许多事情，如果我们不仔细选择行动，那么我们必定会重复过去的一些模式。进步来自选择某种最有效的反馈，而不是最容易和最乐于接受的反馈。

营造高情商生活

情商是一个你对自己和周围的环境理解程度的结果。如果你重复地实践一项新技巧，你将会训练你的大脑，把它变成一种习惯。在你生活中的每个领域，如在家中、在工作中、在学校、与朋友相处时、在你的社区里，都能实践情商技巧。得到改善的情商应该继续深入应用到你所做的任何事情中，使你的生活更加幸福。

保持有规律的锻炼。有规律的锻炼有三个重要的目的：保持合适的体重、提高身体健康水平和改善心血管系统。

由于我们许多人采取久坐的生活方式，所以我们面临明显的健康问题。另外很多人每天至少看两个小时的电视（到 6 岁的时候，儿童花在电视上的时间已经比他们整个一生花在和父亲谈话上的时间还要多），所以很容易预计这会对他们长期的身体和心理造成的影响。锻炼可以消除这两方面的不良影响，避免造成大腹便便和梨形的身材。

有规律的体育锻炼的一个益处是，它不仅美化了体形，也改善了心理健康。这就增强了个体的自尊心。它提供能量使个体一天的精力更加旺盛，注意力更集中，抑郁的发生频率更少。锻炼使人们获得必要的能量来应付来自于预料之外的事件导致的压力。身体健康的个体更少焦虑、更少患病。研究人员已经发现了锻炼带来生理益处的化学基础：大脑在剧烈的身体运动的过程中释放出内啡呔（类似于吗啡），这种物质使人对疼痛感觉麻木并产生一种良好的感觉，类似于长跑者的那种轻快放松的感觉。

锻炼的另一个重要的益处是它加强了心血管系统。有氧练习的效果最佳，它需要吸入的氧气不会超过一个人能舒适吸收的氧气量（而不像短跑或长距离游泳那样需要吸入大量的氧气）。这种类型的练习包括轻快的走路、慢跑、骑车或爬楼梯。但是，只有在以下两个条件得到满足的情况下心血管系统功能才得到加强。

（1）整个练习过程需要保持一定的心率水平。这个水平是最高心率的 60%~80%。要计算这个水平，用 220 减去你的年龄，再取这个数的 60%~80%。你应该在一开始的练习中保持 60% 的水平，然后逐渐增加到 80%。练习的过程中检查你的心率，测出心脏 6 秒钟的跳动次数，然后乘以 10。

（2）这种练习每周进行 3~4 次，每次 20~30 分钟。因为心血管 48 小时之后耐受性下降，所以至少每两天锻炼一次是很重要的。

除了有规律的锻炼，还要做到合理的饮食。合理饮食，要做到以下几点。

1.吃多样的食物保持健康大约需要 40~60 种营养物质

这些食物包括未经加工的或轻度脱水的蔬菜、果汁、谷类、大豆、干豌豆、果仁及种子。这些复合碳水化合食物混合了淀粉、纤维、糖、维生素和矿物质。应该避免单一的碳水化合物，如面粉、白米、精炼糖、加工过的果汁产品和过熟的蔬菜。营养学家建议成人应该摄入下面的平衡饮食：每天三份水果和蔬菜，三份面食或谷类，两份牛奶或酸奶，两份肉、鱼、鸡蛋、大豆或豌豆。

2.结合正确的饮食和锻炼可以最有效地保持体重

虽然有许多流行的节食方法，但一些正确的和简单的方法可以帮助个体避免吃得过多：

每餐之前吃一些低热量的开胃物。

两餐之间饥饿的时候喝一大杯水或果汁，如葡萄汁或酸梅汁。

饭前半小时，吃一些碳水化合物食品，诸如两片苏打饼干。

多吃蔬菜，以保持低热量的摄入。

吃得慢一些。

有规律地进食，避免胡吃海喝。

不要因为烦躁、劳累或焦虑而进食，尝试通过锻炼来缓解它们。

3.特别强调要控制下列元素

减少糖的摄入。虽然糖给人大量的能量和不知疲倦的感觉，但是，它也刺激胰腺分泌胰岛素，来反作用于血液中的糖分。60%的人胰腺过于活跃，这会产生易怒、抑郁、恶心和焦虑的感觉，还容易诱发糖尿病。

减少钠的摄入。钠含在盐（40%是钠）以及其他调味品中，包括加工过的食品，软饮料和咸味的小吃。每天摄入多于 5 克的钠是不明智的，特别对于那些有高血压的人。

避免饮酒。酒精的热量很高，而其他营养成分却很少，它也耗尽体内的维生素 B，而维生素 B 对应付压力是很重要的。

限制咖啡因的摄入。咖啡因是一种化学刺激物，可以诱发战斗或逃跑反应。而且，它也耗尽体内的维生素 B。